수학은 마라톤입니다.
지금 여러분은 출발 지점에 서 있습니다.
초등학교 저학년 때는
수학 마라톤을 잘 하기 위해
기초 체력을 튼튼히 길러야 합니다.

한솔 완벽한 연산으로 시작하세요.
마라톤을 잘 뛸 수 있는 완벽한 연산 실력을 키워줍니다.

이 책이 궁금해요!

왜 완벽한 연산인가요?

기초 연산은 물론, 학교 연산까지 이 책 시리즈 하나면 완벽하게 끝나기 때문입니다. '한솔 완벽한 연산'은 하루 8쪽씩, 5일 동안 4주분을 학습하고, 마지막 주에는 학교 시험에 완벽하게 대비할 수 있도록 '연산 UP' 16쪽을 추가로 제공합니다.
매일 꾸준한 연습으로 연산 실력을 키우기에 충분한 학습량입니다.
'한솔 완벽한 연산' 하나면 기초 연산도 학교 연산도 완벽하게 대비할 수 있습니다.

몇 단계로 구성되고, 몇 학년이 풀 수 있나요?

모두 6단계로 구성되어 있습니다.
'한솔 완벽한 연산'은 한 단계가 1개 학년이 아닙니다. 연산의 기초 훈련이 가장 필요한 시기인 초등 2~3학년에 집중하여 여러 단계로 구성하였습니다.
이 시기에는 수학의 기초 체력을 튼튼히 길러야 하니까요.

단계	권장 학년	학습 내용
MA	6~7세	100까지의 수, 더하기와 빼기
MB	초등 1~2학년	한 자리 수의 덧셈, 두 자리 수의 덧셈
MC	초등 1~2학년	두 자리 수의 덧셈과 뺄셈
MD	초등 2~3학년	두 · 세 자리 수의 덧셈과 뺄셈
ME	초등 2~3학년	곱셈구구, (두·세 자리 수)×(한 자리 수), (두·세 자리 수)÷(한 자리 수)
MF	초등 3~4학년	(두·세 자리 수)×(두 자리 수), (두·세 자리 수)÷(두 자리 수), 분수·소수의 덧셈과 뺄셈

책 한 권은 어떻게 구성되어 있나요?

책 한 권은 모두 4주 학습으로 구성되어 있습니다.
한 주는 모두 40쪽으로 하루에 8쪽씩, 5일 동안 푸는 것을 권장합니다.
마지막 5주차에는 학교 시험에 대비할 수 있는 '연산 UP'을 학습합니다.

'한솔 완벽한 연산'도 매일매일 풀어야 하나요?

물론입니다. 매일매일 규칙적으로 연습을 해야 연산 능력이 향상되기 때문입니다.
월요일부터 금요일까지 매일 8쪽씩, 4주 동안 규칙적으로 풀고, 마지막 주에 '연산 UP' 16쪽을 다 풀면 한 권 학습이 끝납니다.
매일매일 푸는 습관이 잡히면 개인 진도에 따라 두 달에 3권을 푸는 것도 가능합니다.

하루 8쪽씩이라구요? 너무 많은 양 아닌가요?

'한솔 완벽한 연산'은 술술 풀면서 잘 넘어가는 학습지입니다.
공부하는 학생 입장에서는 빽빽한 문제를 4쪽 푸는 것보다 술술 넘어가는 문제를 8쪽 푸는 것이 훨씬 큰 성취감을 느낄 수 있습니다.
'한솔 완벽한 연산'은 학생의 연령을 고려해 쪽당 학습량을 전략적으로 구성했습니다. 그래서 학생이 부담을 덜 느끼면서 효과적으로 학습할 수 있습니다.

학교 진도와 맞추려면 어떻게 공부해야 하나요?

이 책은 한 권을 한 달 동안 푸는 것을 권장합니다.
각 단계별 학교 진도는 다음과 같습니다.

단계	MA	MB	MC	MD	ME	MF
권 수	8권	5권	7권	7권	7권	7권
학교 진도	초등 이전	초등 1학년	초등 2학년	초등 3학년	초등 3학년	초등 4학년

초등학교 1학년이 3월에 MB 단계부터 매달 1권씩 꾸준히 푼다고 한다면 2학년이 시작될 때 MD 단계를 풀게 되고, 3학년 때 MF 단계(4학년 과정)까지 마무리할 수 있습니다.
이 책 시리즈로 꼼꼼히 학습하게 되면 일반 방문학습지 못지 않게 충분한 연산 실력을 쌓게 되고 조금씩 다음 학년 진도까지 학습할 수 있다는 장점이 있습니다.
매일 꾸준히 성실하게 학습한다면 학년 구분 없이 원하는 진도를 스스로 계획하고 진행해 나갈 수 있습니다.

'연산 UP'은 어떻게 공부해야 하나요?

'연산 UP'은 4주 동안 훈련한 연산 능력을 확인하는 과정이자 학교에서 흔히 접하는 계산 유형 문제까지 접할 수 있는 코너입니다.
'연산 UP'의 구성은 다음과 같습니다.

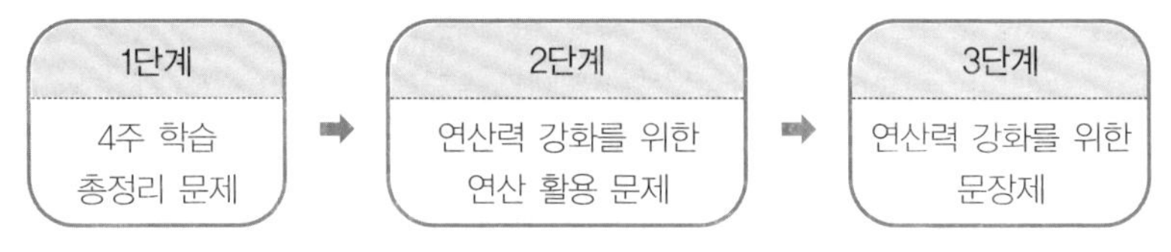

'연산 UP'은 모두 16쪽으로 구성되었으므로 하루 8쪽씩 2일 동안 학습하고, 다음 단계로 진행할 것을 권장합니다.

학습 구성

MA 6~7세

권	제목	주차별 학습 내용	
1	20까지의 수 1	1주	5까지의 수 (1)
		2주	5까지의 수 (2)
		3주	5까지의 수 (3)
		4주	10까지의 수
2	20까지의 수 2	1주	10까지의 수 (1)
		2주	10까지의 수 (2)
		3주	20까지의 수 (1)
		4주	20까지의 수 (2)
3	20까지의 수 3	1주	20까지의 수 (1)
		2주	20까지의 수 (2)
		3주	20까지의 수 (3)
		4주	20까지의 수 (4)
4	50까지의 수	1주	50까지의 수 (1)
		2주	50까지의 수 (2)
		3주	50까지의 수 (3)
		4주	50까지의 수 (4)
5	1000까지의 수	1주	100까지의 수 (1)
		2주	100까지의 수 (2)
		3주	100까지의 수 (3)
		4주	1000까지의 수
6	수 가르기와 모으기	1주	수 가르기 (1)
		2주	수 가르기 (2)
		3주	수 모으기 (1)
		4주	수 모으기 (2)
7	덧셈의 기초	1주	상황 속 덧셈
		2주	더하기 1
		3주	더하기 2
		4주	더하기 3
8	뺄셈의 기초	1주	상황 속 뺄셈
		2주	빼기 1
		3주	빼기 2
		4주	빼기 3

MB 초등 1 · 2학년 ①

권	제목	주차별 학습 내용	
1	덧셈 1	1주	받아올림이 없는 (한 자리 수)+(한 자리 수) (1)
		2주	받아올림이 없는 (한 자리 수)+(한 자리 수) (2)
		3주	받아올림이 없는 (한 자리 수)+(한 자리 수) (3)
		4주	받아올림이 없는 (두 자리 수)+(한 자리 수)
2	덧셈 2	1주	받아올림이 없는 (두 자리 수)+(한 자리 수)
		2주	받아올림이 있는 (한 자리 수)+(한 자리 수) (1)
		3주	받아올림이 있는 (한 자리 수)+(한 자리 수) (2)
		4주	받아올림이 있는 (한 자리 수)+(한 자리 수) (3)
3	뺄셈 1	1주	(한 자리 수)−(한 자리 수) (1)
		2주	(한 자리 수)−(한 자리 수) (2)
		3주	(한 자리 수)−(한 자리 수) (3)
		4주	받아내림이 없는 (두 자리 수)−(한 자리 수)
4	뺄셈 2	1주	받아내림이 없는 (두 자리 수)−(한 자리 수)
		2주	받아내림이 있는 (두 자리 수)−(한 자리 수) (1)
		3주	받아내림이 있는 (두 자리 수)−(한 자리 수) (2)
		4주	받아내림이 있는 (두 자리 수)−(한 자리 수) (3)
5	덧셈과 뺄셈의 완성	1주	(한 자리 수)+(한 자리 수), (한 자리 수)−(한 자리 수)
		2주	세 수의 덧셈, 세 수의 뺄셈 (1)
		3주	(한 자리 수)+(한 자리 수), (두 자리 수)−(한 자리 수)
		4주	세 수의 덧셈, 세 수의 뺄셈 (2)

MC 초등 1 · 2학년 ②

권	제목	주차별 학습 내용	
1	두 자리 수의 덧셈 1	1주	받아올림이 없는 (두 자리 수)+(한 자리 수)
		2주	몇십 만들기
		3주	받아올림이 있는 (두 자리 수)+(한 자리 수) (1)
		4주	받아올림이 있는 (두 자리 수)+(한 자리 수) (2)
2	두 자리 수의 덧셈 2	1주	받아올림이 없는 (두 자리 수)+(두 자리 수) (1)
		2주	받아올림이 없는 (두 자리 수)+(두 자리 수) (2)
		3주	받아올림이 없는 (두 자리 수)+(두 자리 수) (3)
		4주	받아올림이 없는 (두 자리 수)+(두 자리 수) (4)
3	두 자리 수의 덧셈 3	1주	받아올림이 있는 (두 자리 수)+(두 자리 수) (1)
		2주	받아올림이 있는 (두 자리 수)+(두 자리 수) (2)
		3주	받아올림이 있는 (두 자리 수)+(두 자리 수) (3)
		4주	받아올림이 있는 (두 자리 수)+(두 자리 수) (4)
4	두 자리 수의 뺄셈 1	1주	받아내림이 없는 (두 자리 수)−(한 자리 수)
		2주	몇십에서 빼기
		3주	받아내림이 있는 (두 자리 수)−(한 자리 수) (1)
		4주	받아내림이 있는 (두 자리 수)−(한 자리 수) (2)
5	두 자리 수의 뺄셈 2	1주	받아내림이 없는 (두 자리 수)−(두 자리 수) (1)
		2주	받아내림이 없는 (두 자리 수)−(두 자리 수) (2)
		3주	받아내림이 없는 (두 자리 수)−(두 자리 수) (3)
		4주	받아내림이 없는 (두 자리 수)−(두 자리 수) (4)
6	두 자리 수의 뺄셈 3	1주	받아내림이 있는 (두 자리 수)−(두 자리 수) (1)
		2주	받아내림이 있는 (두 자리 수)−(두 자리 수) (2)
		3주	받아내림이 있는 (두 자리 수)−(두 자리 수) (3)
		4주	받아내림이 있는 (두 자리 수)−(두 자리 수) (4)
7	덧셈과 뺄셈의 완성	1주	세 수의 덧셈
		2주	세 수의 뺄셈
		3주	(두 자리 수)+(한 자리 수), (두 자리 수)−(한 자리 수) 종합
		4주	(두 자리 수)+(두 자리 수), (두 자리 수)−(두 자리 수) 종합

MD 초등 2 · 3학년 ①

권	제목	주차별 학습 내용	
1	두 자리 수의 덧셈	1주	받아올림이 있는 (두 자리 수)+(두 자리 수) (1)
		2주	받아올림이 있는 (두 자리 수)+(두 자리 수) (2)
		3주	받아올림이 있는 (두 자리 수)+(두 자리 수) (3)
		4주	받아올림이 있는 (두 자리 수)+(두 자리 수) (4)
2	세 자리 수의 덧셈 1	1주	받아올림이 없는 (세 자리 수)+(두 자리 수)
		2주	받아올림이 있는 (세 자리 수)+(두 자리 수) (1)
		3주	받아올림이 있는 (세 자리 수)+(두 자리 수) (2)
		4주	받아올림이 있는 (세 자리 수)+(두 자리 수) (3)
3	세 자리 수의 덧셈 2	1주	받아올림이 있는 (세 자리 수)+(세 자리 수) (1)
		2주	받아올림이 있는 (세 자리 수)+(세 자리 수) (2)
		3주	받아올림이 있는 (세 자리 수)+(세 자리 수) (3)
		4주	받아올림이 있는 (세 자리 수)+(세 자리 수) (4)
4	두·세 자리 수의 뺄셈	1주	받아내림이 있는 (두 자리 수)−(두 자리 수) (1)
		2주	받아내림이 있는 (두 자리 수)−(두 자리 수) (2)
		3주	받아내림이 있는 (두 자리 수)−(두 자리 수) (3)
		4주	받아내림이 없는 (세 자리 수)−(두 자리 수)
5	세 자리 수의 뺄셈 1	1주	받아내림이 있는 (세 자리 수)−(두 자리 수) (1)
		2주	받아내림이 있는 (세 자리 수)−(두 자리 수) (2)
		3주	받아내림이 있는 (세 자리 수)−(두 자리 수) (3)
		4주	받아내림이 있는 (세 자리 수)−(두 자리 수) (4)
6	세 자리 수의 뺄셈 2	1주	받아내림이 있는 (세 자리 수)−(세 자리 수) (1)
		2주	받아내림이 있는 (세 자리 수)−(세 자리 수) (2)
		3주	받아내림이 있는 (세 자리 수)−(세 자리 수) (3)
		4주	받아내림이 있는 (세 자리 수)−(세 자리 수) (4)
7	덧셈과 뺄셈의 완성	1주	덧셈의 완성 (1)
		2주	덧셈의 완성 (2)
		3주	뺄셈의 완성 (1)
		4주	뺄셈의 완성 (2)

ME 초등 2 · 3학년 ②

권	제목	주차별 학습 내용	
1	곱셈구구	1주	곱셈구구 (1)
		2주	곱셈구구 (2)
		3주	곱셈구구 (3)
		4주	곱셈구구 (4)
2	(두 자리 수)×(한 자리 수) 1	1주	곱셈구구 종합
		2주	(두 자리 수)×(한 자리 수) (1)
		3주	(두 자리 수)×(한 자리 수) (2)
		4주	(두 자리 수)×(한 자리 수) (3)
3	(두 자리 수)×(한 자리 수) 2	1주	(두 자리 수)×(한 자리 수) (1)
		2주	(두 자리 수)×(한 자리 수) (2)
		3주	(두 자리 수)×(한 자리 수) (3)
		4주	(두 자리 수)×(한 자리 수) (4)
4	(세 자리 수)×(한 자리 수)	1주	(세 자리 수)×(한 자리 수) (1)
		2주	(세 자리 수)×(한 자리 수) (2)
		3주	(세 자리 수)×(한 자리 수) (3)
		4주	곱셈 종합
5	(두 자리 수)÷(한 자리 수) 1	1주	나눗셈의 기초 (1)
		2주	나눗셈의 기초 (2)
		3주	나눗셈의 기초 (3)
		4주	(두 자리 수)÷(한 자리 수)
6	(두 자리 수)÷(한 자리 수) 2	1주	(두 자리 수)÷(한 자리 수) (1)
		2주	(두 자리 수)÷(한 자리 수) (2)
		3주	(두 자리 수)÷(한 자리 수) (3)
		4주	(두 자리 수)÷(한 자리 수) (4)
7	(두·세 자리 수)÷(한 자리 수)	1주	(두 자리 수)÷(한 자리 수) (1)
		2주	(두 자리 수)÷(한 자리 수) (2)
		3주	(세 자리 수)÷(한 자리 수) (1)
		4주	(세 자리 수)÷(한 자리 수) (2)

MF 초등 3 · 4학년

권	제목	주차별 학습 내용	
1	(두 자리 수)×(두 자리 수)	1주	(두 자리 수)×(한 자리 수)
		2주	(두 자리 수)×(두 자리 수) (1)
		3주	(두 자리 수)×(두 자리 수) (2)
		4주	(두 자리 수)×(두 자리 수) (3)
2	(두·세 자리 수)×(두 자리 수)	1주	(두 자리 수)×(두 자리 수)
		2주	(세 자리 수)×(두 자리 수) (1)
		3주	(세 자리 수)×(두 자리 수) (2)
		4주	곱셈의 완성
3	(두 자리 수)÷(두 자리 수)	1주	(두 자리 수)÷(두 자리 수) (1)
		2주	(두 자리 수)÷(두 자리 수) (2)
		3주	(두 자리 수)÷(두 자리 수) (3)
		4주	(두 자리 수)÷(두 자리 수) (4)
4	(세 자리 수)÷(두 자리 수)	1주	(세 자리 수)÷(두 자리 수) (1)
		2주	(세 자리 수)÷(두 자리 수) (2)
		3주	(세 자리 수)÷(두 자리 수) (3)
		4주	나눗셈의 완성
5	혼합 계산	1주	혼합 계산 (1)
		2주	혼합 계산 (2)
		3주	혼합 계산 (3)
		4주	곱셈과 나눗셈, 혼합 계산 총정리
6	분수의 덧셈과 뺄셈	1주	분수의 덧셈 (1)
		2주	분수의 덧셈 (2)
		3주	분수의 뺄셈 (1)
		4주	분수의 뺄셈 (2)
7	소수의 덧셈과 뺄셈	1주	분수의 덧셈과 뺄셈
		2주	소수의 기초, 소수의 덧셈과 뺄셈 (1)
		3주	소수의 덧셈과 뺄셈 (2)
		4주	소수의 덧셈과 뺄셈 (3)

주별 학습 내용 MD단계 ⑤권

받아내림이 있는 (세 자리 수)-(두 자리 수) (1)

요일	교재 번호	학습한 날짜	확인
1일차(월)	01~08	월 일	
2일차(화)	09~16	월 일	
3일차(수)	17~24	월 일	
4일차(목)	25~32	월 일	
5일차(금)	33~40	월 일	

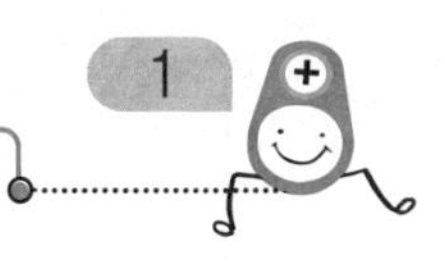

MD01 받아내림이 있는 (세 자리 수)−(두 자리 수) (1)

● 뺄셈을 하세요.

(1)

	2	4
−	1	9

(2)

	4	6
−	2	7

(3)

	7	3
−	4	5

(4)

	5	0
−	3	4

(5)

	8	2
−	5	6

(6)

	6	1
−	3	3

(7)

	3	5
−	1	8

(8)

	9	7
−	2	4

(9)

	3	1
−	2	5

(10)

	6	4
−	4	8

(11)

	2	9
−	1	4

(12)

	8	3
−	3	6

(13)

	7	8
−	5	9

(14)

	4	2
−	1	7

(15)

	9	0
−	7	2

(16)

	5	5
−	2	6

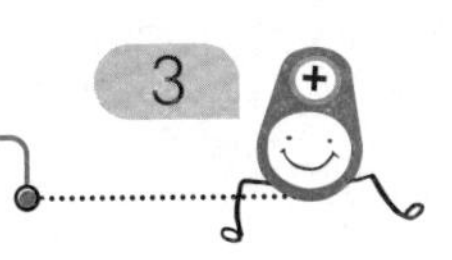

● 뺄셈을 하세요.

(1)

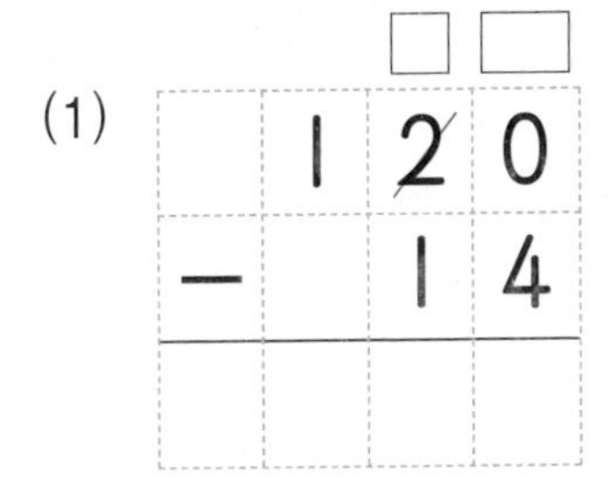

(2)

	1	3	2
−		1	8

(3)

	1	5	1
−		2	3

(4)

	1	6	5
−		3	5

(5)

	1	4	3
−		1	6

(6)

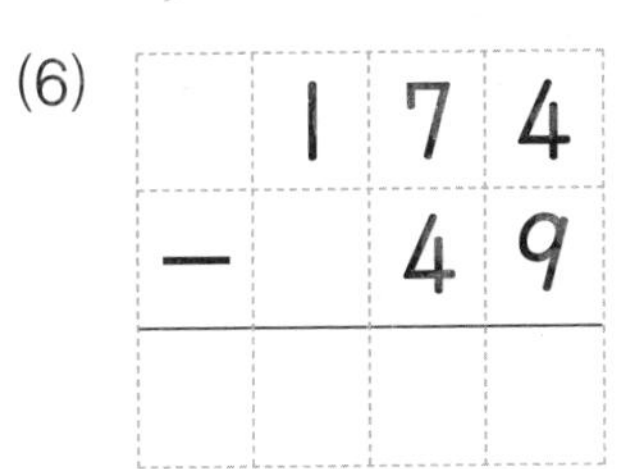

(7)

	1	8	6
−		3	7

(8)

	1	9	0
−		5	5

(9)

	1	3	1
−		1	9

(10)

	1	5	4
−		2	7

(11)

	1	6	3
−		5	2

(12)

	1	8	3
−		4	5

(13)

	2	4	5
−		1	7

(14)

	2	2	6
−		1	8

(15)

	2	7	3
−		3	6

(16)

	2	5	0
−		4	1

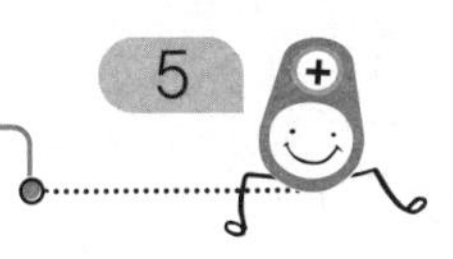

● 뺄셈을 하세요.

(1)

	2	3	0
−		1	4

(5)

	2	4	1
−		2	3

(2)

	2	6	3
−		2	7

(6)

	2	9	5
−		3	6

(3)

	1	7	2
−		4	5

(7)

	2	5	4
−		1	8

(4)

	2	9	6
−		7	2

(8)

	2	8	7
−		2	9

(9)

	3	2	6
−		1	7

(10)

	2	5	4
−		3	0

(11)

	3	6	2
−		5	3

(12)

	3	4	1
−		2	4

(13)

	3	3	0
−		1	9

(14)

	3	7	4
−		3	5

(15)

	3	8	3
−		2	8

(16)

	3	9	5
−		6	6

● 뺄셈을 하세요.

(1) 357 − 38

(2) 345 − 19

(3) 323 − 14

(4) 372 − 38

(5) 461 − 25

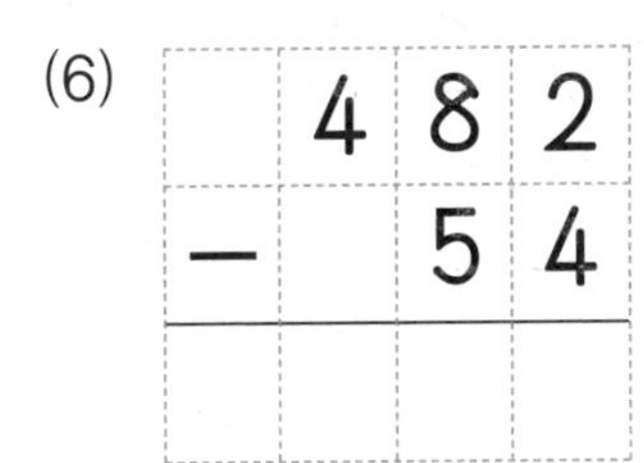

(6) 482 − 54

(7) 435 − 18

(8) 490 − 82

(9)

	4	2	3
−		1	5

(10)

	3	5	4
−		3	6

(11)

	4	7	1
−		3	8

(12)

	4	4	9
−		1	7

(13)

	4	3	5
−		2	6

(14)

	4	6	3
−		4	8

(15)

	4	9	2
−		2	7

(16)

	4	8	4
−		5	9

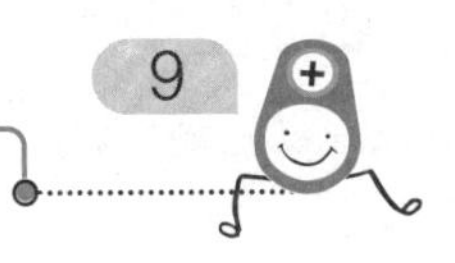

● 뺄셈을 하세요.

(1)

	1	4	5
−		1	6

(2)

	2	6	2
−		3	8

(3)

	1	3	3
−		1	7

(4)

	2	2	6
−		1	9

(5)

	2	3	0
−		1	2

(6)

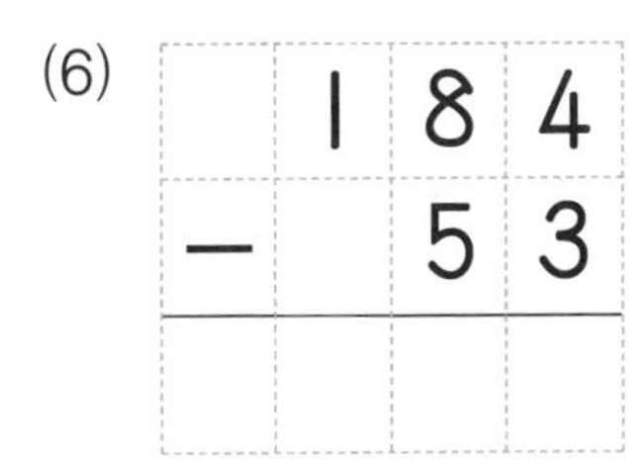

	1	8	4
−		5	3

(7)

	1	5	1
−		2	4

(8)

	2	7	4
−		3	5

(9)

	3	2	4
−		1	8

(10)

	4	6	1
−		4	9

(11)

	3	7	5
−		4	7

(12)

	4	3	7
−		1	8

(13)

	1	8	2
−		5	3

(14)

	4	5	2
−		3	5

(15)

	3	5	6
−		2	8

(16)

	4	7	0
−		5	3

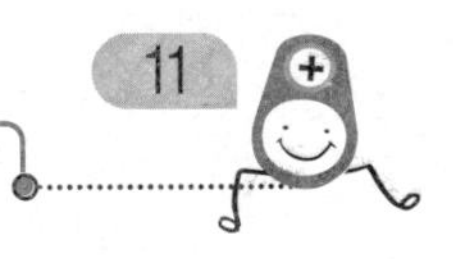

● 뺄셈을 하세요.

(1)

		□	□
	1	5	1
−		2	6

(2)

	2	4	6
−		1	7

(3)

	3	3	4
−		2	7

(4)

	4	2	7
−		1	9

(5)

	2	7	3
−		4	8

(6)

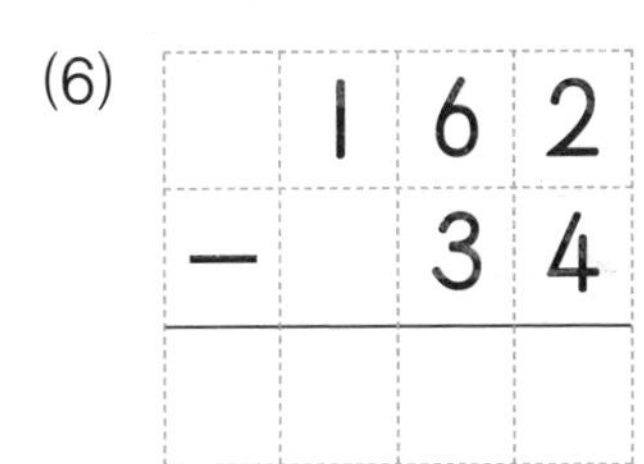

	1	6	2
−		3	4

(7)

	4	3	9
−		1	2

(8)

	3	6	5
−		2	8

(9)

	3	5	2
−		2	9

(10)

	2	3	0
−		2	7

(11)

	1	2	8
−		1	9

(12)

	4	4	1
−		2	5

(13)

	4	6	6
−		1	8

(14)

	1	7	4
−		5	6

(15)

	3	4	3
−		1	6

(16)

	2	5	2
−		3	3

MD01 받아내림이 있는 (세 자리 수)-(두 자리 수) (1)

● 뺄셈을 하세요.

(1)

	5	2	3
−		1	7

(2)

	3	5	4
−		2	5

(3)

	5	3	8
−		1	6

(4)

	5	7	0
−		5	1

(5)

	5	8	1
−		6	4

(6)

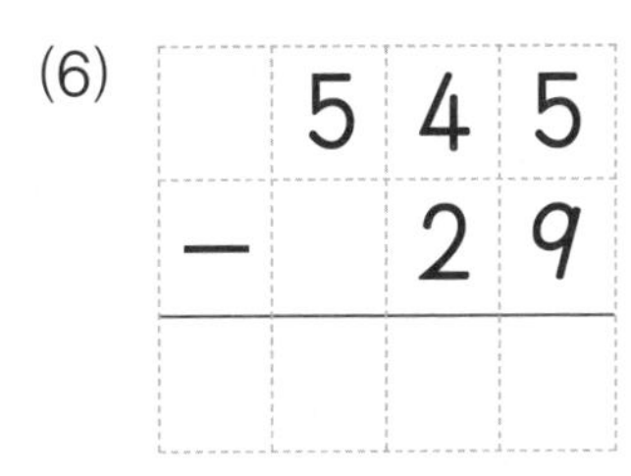

	5	4	5
−		2	9

(7)

	4	6	3
−		3	7

(8)

	5	9	2
−		7	8

(9)

	6	3	2
−		1	7

(10)

	6	8	0
−		4	7

(11)

	4	4	3
−		2	8

(12)

	6	6	4
−		1	5

(13)

	5	7	2
−		1	9

(14)

	6	5	3
−		3	4

(15)

	6	9	1
−		5	4

(16)

	6	7	5
−		4	9

● 뺄셈을 하세요.

(1)

	7	4	3
−		1	6

(2)

	5	9	2
−		8	3

(3)

	7	5	1
−		2	7

(4)

	7	7	6
−		5	8

(5)

	7	4	5
−		3	6

(6)

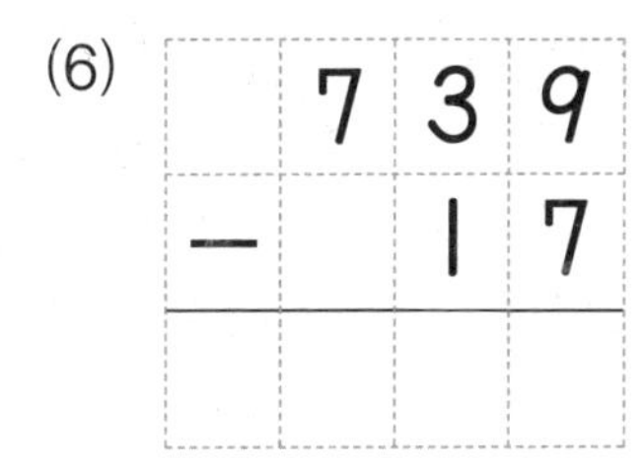

	7	3	9
−		1	7

(7)

	6	6	0
−		4	2

(8)

	7	8	2
−		6	5

(9)

	8	5	1
−		2	3

(10)

	7	4	6
−		3	9

(11)

	8	2	4
−		1	9

(12)

	8	6	3
−		4	6

(13)

	9	7	2
−		4	5

(14)

	9	4	7
−		2	9

(15)

	8	8	0
−		3	4

(16)

	9	9	4
−		7	8

● 뺄셈을 하세요.

(1)

	1	6	5
−		2	6

(2)

	2	4	3
−		1	7

(3)

	3	2	6
−		1	8

(4)

	1	9	2
−		4	3

(5)

	3	7	1
−		3	4

(6)

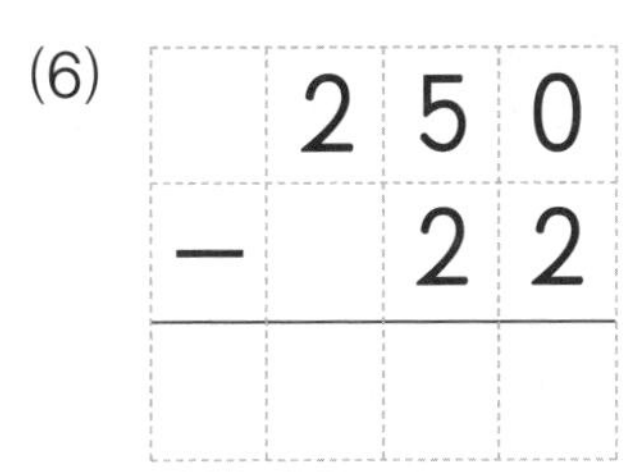

	2	5	0
−		2	2

(7)

	4	3	4
−		2	7

(8)

	3	8	7
−		5	6

(9)

	2	6	4
−		3	6

(10)

	1	8	2
−		4	5

(11)

	3	2	6
−		1	7

(12)

	4	6	0
−		2	5

(13)

	4	5	3
−		2	4

(14)

	3	6	4
−		2	8

(15)

	1	7	5
−		4	7

(16)

	2	9	1
−		7	6

● 뺄셈을 하세요.

(1)

	1	0	0
−		4	0

(2)

	1	1	8
−		2	0

(3)

	1	3	7
−		5	2

(4)

	1	2	5
−		6	1

(5)

	2	0	0
−		3	0

(6)

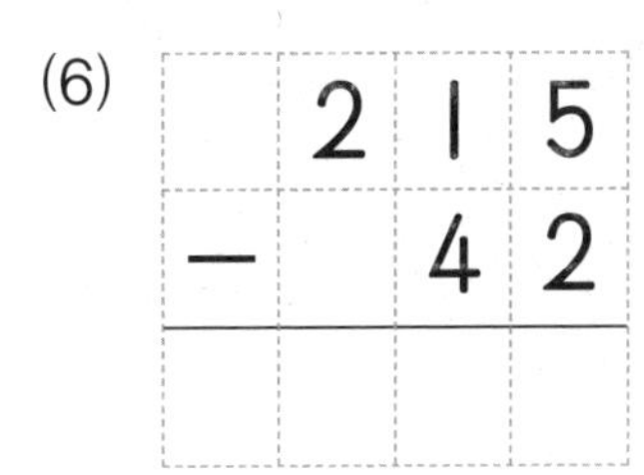

	2	1	5
−		4	2

(7)

	2	8	4
−		7	1

(8)

	2	4	6
−		9	5

(9)

	2	2	7
−		5	3

(10)

	2	6	5
−		7	2

(11)

	2	2	3
−		6	1

(12)

	2	7	4
−		8	3

(13)

	3	1	6
−		2	5

(14)

	3	4	2
−		8	2

(15)

	3	3	8
−		5	3

(16)

	3	5	1
−		7	1

● 뺄셈을 하세요.

(1)

	~~3~~	2	0
−		7	0

(2)

	3	0	7
−		1	2

(3)

	1	8	9
−		9	6

(4)

	3	4	8
−		7	4

(5)

	2	1	3
−		4	2

(6)

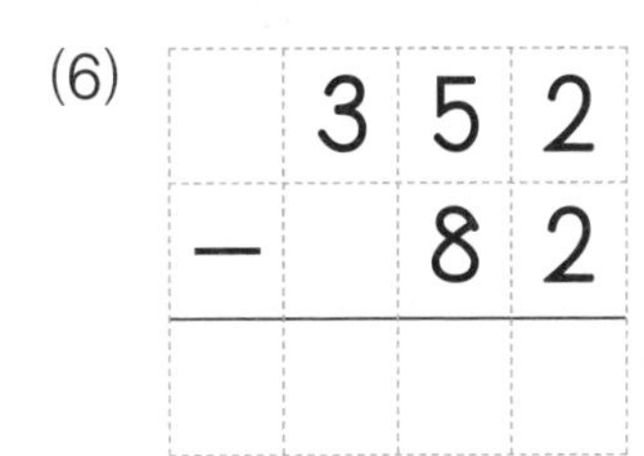

	3	5	2
−		8	2

(7)

	3	3	6
−		7	5

(8)

	3	7	5
−		9	1

(9)

	4	0	5
−		2	4

(10)

	2	9	2
−		4	1

(11)

	4	1	6
−		7	3

(12)

	4	2	7
−		6	2

(13)

	4	5	4
−		9	1

(14)

	4	4	8
−		7	5

(15)

	3	6	3
−		8	3

(16)

	4	7	9
−		8	7

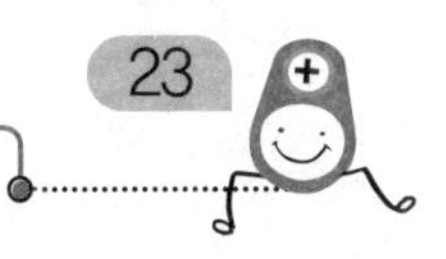

● 뺄셈을 하세요.

(1) $410 - 70$

(2) $436 - 45$

(3) $427 - 93$

(4) $454 - 62$

(5) $528 - 54$

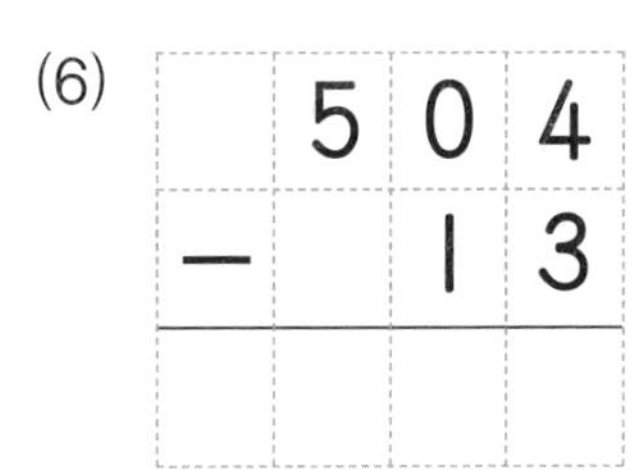

(6) $504 - 13$

(7) $549 - 81$

(8) $583 - 70$

(9)

	3	6	0
−		8	0

(10)

	5	1	2
−		3	1

(11)

	5	7	5
−		9	1

(12)

	5	2	6
−		5	3

(13)

	5	3	8
−		4	3

(14)

	4	5	7
−		8	2

(15)

	5	4	3
−		7	1

(16)

	5	0	4
−		3	4

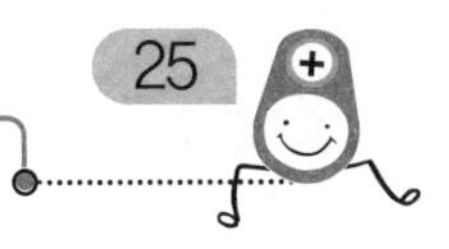

MD01 받아내림이 있는 (세 자리 수)−(두 자리 수) (1)

● 뺄셈을 하세요.

(1) $\begin{array}{r} 140 \\ -\ \ 50 \\ \hline \end{array}$

(2) $\begin{array}{r} 329 \\ -\ \ 38 \\ \hline \end{array}$

(3) $\begin{array}{r} 236 \\ -\ \ 55 \\ \hline \end{array}$

(4) $\begin{array}{r} 315 \\ -\ \ 63 \\ \hline \end{array}$

(5) $\begin{array}{r} 208 \\ -\ \ 22 \\ \hline \end{array}$

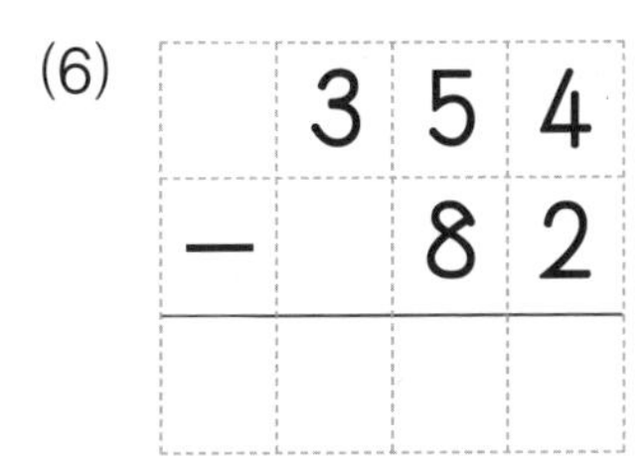

(6) $\begin{array}{r} 354 \\ -\ \ 82 \\ \hline \end{array}$

(7) $\begin{array}{r} 217 \\ -\ \ 47 \\ \hline \end{array}$

(8) $\begin{array}{r} 363 \\ -\ \ 70 \\ \hline \end{array}$

(9)

	4	0	3
−		1	0

(10)

	5	4	7
−		7	4

(11)

	4	7	2
−		6	1

(12)

	5	2	5
−		4	3

(13)

	5	1	6
−		3	2

(14)

	4	2	7
−		6	5

(15)

	5	3	0
−		8	0

(16)

	4	7	4
−		9	3

● 뺄셈을 하세요.

(1)

	~~1~~	3	6
－		6	1

(2)

	2	1	8
－		4	6

(3)

	3	0	5
－		2	5

(4)

	4	5	2
－		7	0

(5)

	5	1	3
－		6	2

(6)

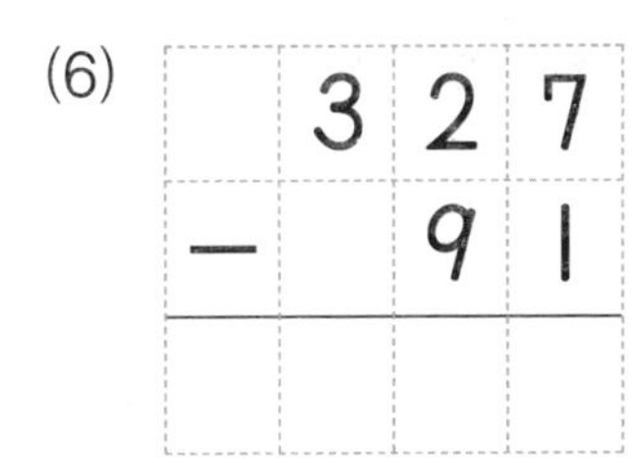

	3	2	7
－		9	1

(7)

	1	4	5
－		8	3

(8)

	2	6	4
－		7	2

(9)

	4	0	8
−		7	5

(10)

	5	3	6
−		6	2

(11)

	3	1	2
−		5	1

(12)

	1	7	9
−		8	6

(13)

	2	4	7
−		3	4

(14)

	4	5	3
−		8	2

(15)

	3	2	6
−		4	6

(16)

	5	8	3
−		9	0

● 뺄셈을 하세요.

(1)

	6	0	0
−		1	0

(2)

	6	3	7
−		4	2

(3)

	4	1	2
−		6	0

(4)

	6	7	5
−		8	4

(5)

	6	2	6
−		5	3

(6)

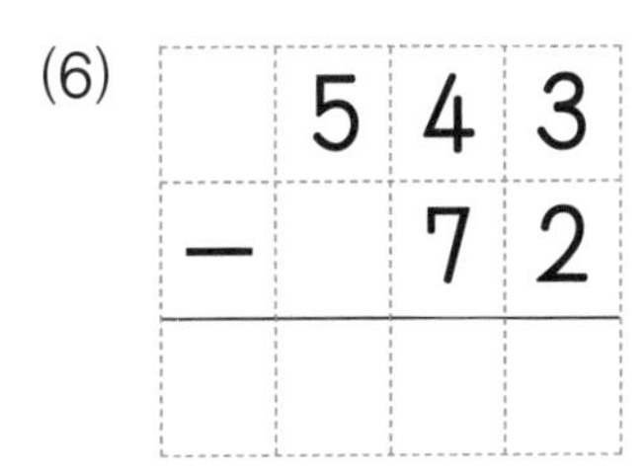

	5	4	3
−		7	2

(7)

	6	5	8
−		6	5

(8)

	6	3	4
−		9	2

(9)

	7	1	0
−		5	0

(10)

	5	2	5
−		7	5

(11)

	7	4	2
−		6	1

(12)

	7	6	7
−		8	3

(13)

	7	3	9
−		9	4

(14)

	7	6	3
−		4	2

(15)

	6	5	6
−		9	2

(16)

	7	0	4
−		3	1

● 뺄셈을 하세요.

(1)

	8	3	0
−		5	0

(2)

	6	1	2
−		3	1

(3)

	8	4	3
−		9	2

(4)

	8	6	5
−		7	3

(5)

	8	5	4
−		8	2

(6)

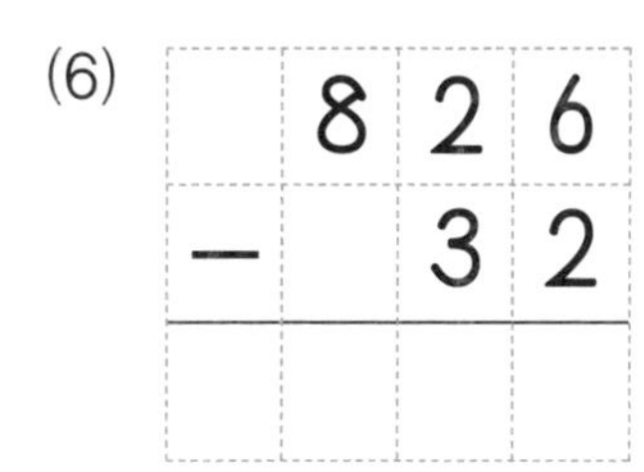

	8	2	6
−		3	2

(7)

	8	7	9
−		9	4

(8)

	7	0	8
−		3	5

(9)

	9	0	9
−		1	6

(10)

	9	4	5
−		5	4

(11)

	6	1	2
−		4	1

(12)

	9	5	3
−		1	2

(13)

	8	3	4
−		8	1

(14)

	9	0	0
−		3	0

(15)

	9	6	8
−		7	2

(16)

	9	3	7
−		9	5

MD01 받아내림이 있는 (세 자리 수)-(두 자리 수) (1)

● 뺄셈을 하세요.

(1)

	1	5	4
−		2	7

(2)

	2	7	5
−		4	8

(3)

	4	3	7
−		1	6

(4)

	3	2	7
−		1	8

(5)

	2	4	5
−		2	7

(6)

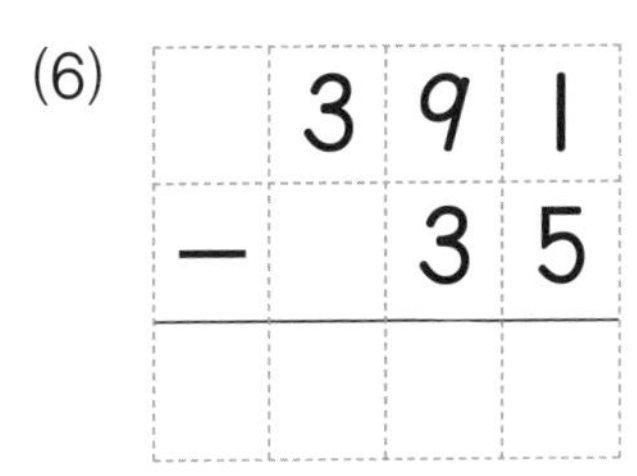

(7)

	1	6	3
−		2	4

(8)

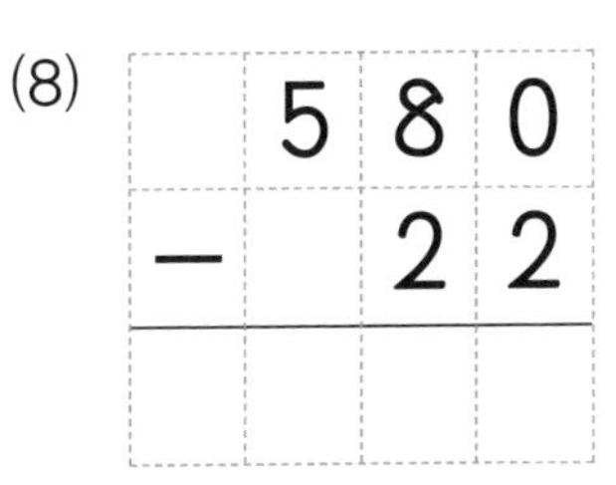

(9)

	3	4	1
−		1	8

(10)

	2	5	0
−		2	4

(11)

	4	7	3
−		4	5

(12)

	1	6	0
−		2	2

(13)

	4	8	2
−		7	9

(14)

	3	6	5
−		3	6

(15)

	2	7	3
−		2	8

(16)

	6	4	1
−		3	6

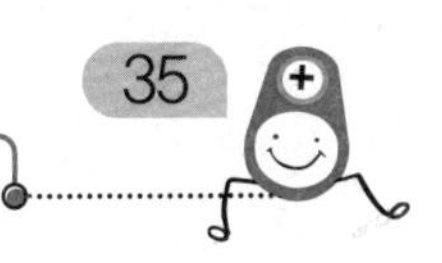

MD01 받아내림이 있는 (세 자리 수)−(두 자리 수) (1)

● 뺄셈을 하세요.

(1)

	2	3	6
−		1	7

(2)

	1	4	5
−		2	6

(3)

	4	6	1
−		4	9

(4)

	3	8	2
−		5	6

(5)

	3	7	1
−		3	7

(6)

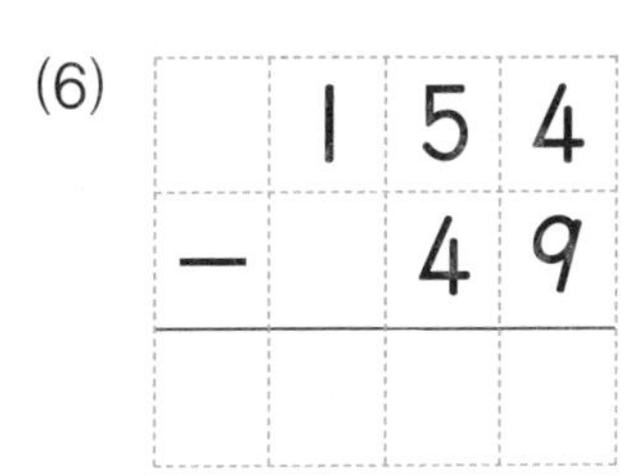

	1	5	4
−		4	9

(7)

	7	6	9
−		1	8

(8)

	2	4	3
−		2	6

(9)

	1	8	2
−		7	5

(10)

	3	9	0
−		6	3

(11)

	2	6	3
−		3	4

(12)

	4	7	1
−		2	8

(13)

	4	3	2
−		1	3

(14)

	8	2	4
−		1	8

(15)

	3	8	0
−		2	1

(16)

	9	4	5
−		1	9

● 뺄셈을 하세요.

(1)

	1	6	8
−		7	4

(5)

	1	3	9
−		8	6

(2)

	4	2	7
−		3	2

(6)

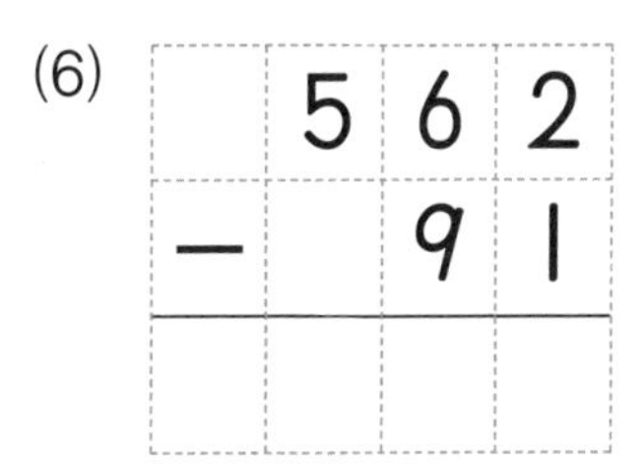

	5	6	2
−		9	1

(3)

	3	0	4
−		4	3

(7)

	2	5	3
−		4	2

(4)

	2	4	6
−		6	5

(8)

	3	7	5
−		8	4

(9)

	4	1	5
−		2	3

(10)

	2	7	2
−		8	0

(11)

	3	2	7
−		4	1

(12)

	1	3	6
−		9	4

(13)

	5	4	1
−		6	0

(14)

	4	0	8
−		5	5

(15)

	6	5	4
−		7	3

(16)

	2	1	3
−		8	2

● 뺄셈을 하세요.

(1)

	2	4	2
−		5	2

(2)

	4	2	5
−		8	1

(3)

	3	5	8
−		6	5

(4)

	1	6	6
−		7	3

(5)

	4	1	3
−		2	2

(6)

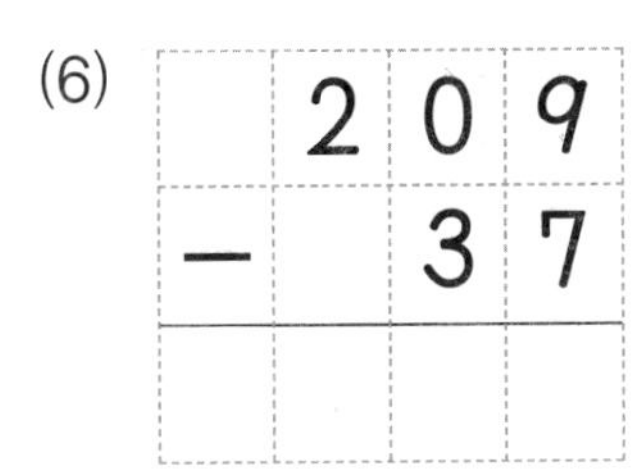

	2	0	9
−		3	7

(7)

	7	2	4
−		5	2

(8)

	3	6	5
−		9	4

(9)

	1	5	7
−		7	3

(10)

	4	5	3
−		8	1

(11)

	2	3	6
−		4	5

(12)

	9	3	2
−		9	2

(13)

	3	9	5
−		6	4

(14)

	8	2	9
−		3	6

(15)

	5	5	4
−		8	2

(16)

	4	3	8
−		7	3

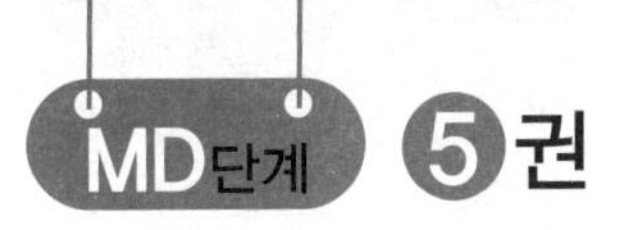

받아내림이 있는 (세 자리 수)-(두 자리 수) (2)

요일	교재 번호	학습한 날짜	확인
1일차(월)	01~08	월 일	
2일차(화)	09~16	월 일	
3일차(수)	17~24	월 일	
4일차(목)	25~32	월 일	
5일차(금)	33~40	월 일	

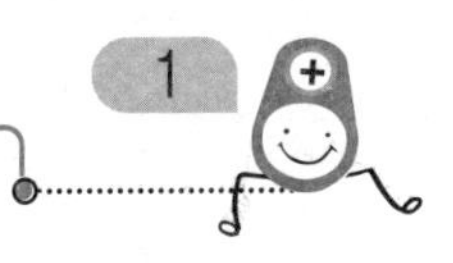

● 뺄셈을 하세요.

(1)

	2	2	0
−		1	3

(2)

	2	3	0
−		1	4

(3)

	3	7	1
−		3	8

(4)

	3	6	0
−		2	7

(5)

	4	5	2
−		4	2

(6)

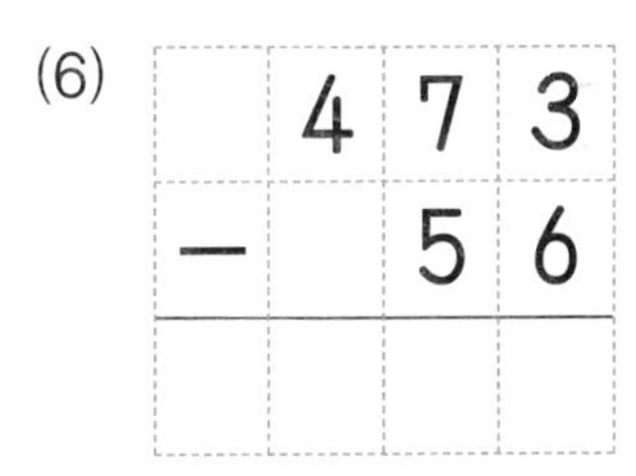

	4	7	3
−		5	6

(7)

	5	8	4
−		4	8

(8)

	5	9	1
−		6	5

(9)

	3	4	2
−		1	6

(13)

	6	7	8
−		2	9

(10)

	2	5	3
−		4	1

(14)

	5	6	1
−		1	7

(11)

	3	5	1
−		4	3

(15)

	6	7	7
−		5	9

(12)

	4	6	4
−		3	5

(16)

	6	8	2
−		3	6

● 뺄셈을 하세요.

(1)

	2	0	1
−		2	1

(2)

	3	0	5
−		2	0

(3)

	2	0	4
−		4	2

(4)

	4	1	6
−		4	0

(5)

	5	2	2
−		6	1

(6)

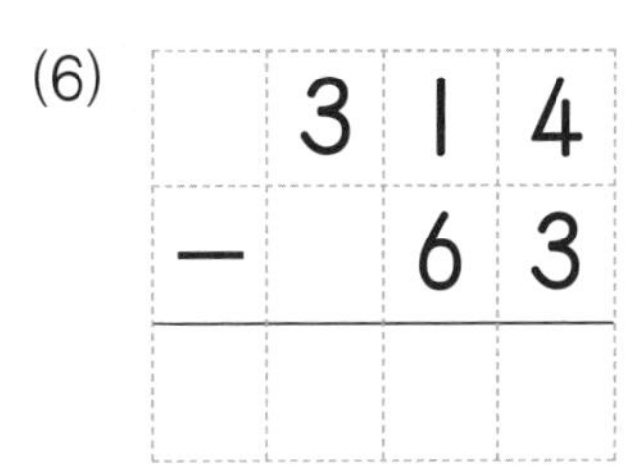

	3	1	4
−		6	3

(7)

	5	2	7
−		1	4

(8)

	4	3	5
−		7	2

(9)

	1	2	0
−		8	0

(10)

	3	3	5
−		5	2

(11)

	2	3	6
−		1	4

(12)

	5	4	7
−		6	3

(13)

	4	5	9
−		7	5

(14)

	6	5	7
−		8	7

(15)

	6	4	8
−		8	4

(16)

	5	6	8
−		9	6

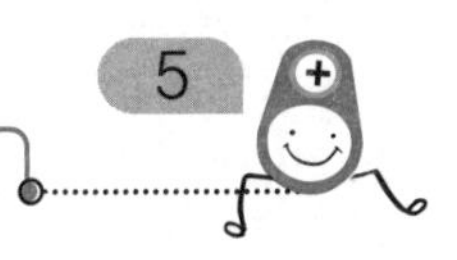

● 뺄셈을 하세요.

(1)

	3	4	1
−		2	9

(2)

	2	5	0
−		2	5

(3)

	3	5	0
−		3	7

(4)

	2	7	2
−		4	8

(5)

	5	4	1
−		1	3

(6)

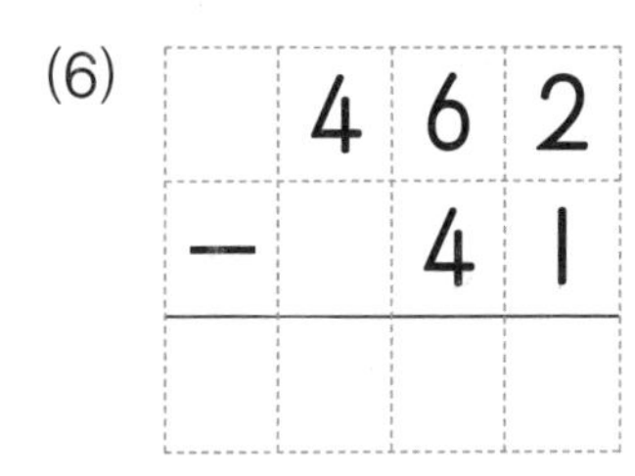

	4	6	2
−		4	1

(7)

	5	7	3
−		3	7

(8)

	4	8	4
−		5	6

(9)

	3	5	4
−		3	9

(10)

	4	3	0
−		2	2

(11)

	5	7	2
−		5	4

(12)

	6	3	2
−		1	2

(13)

	4	8	1
−		3	7

(14)

	6	5	5
−		2	6

(15)

	7	6	5
−		4	8

(16)

	9	9	6
−		5	7

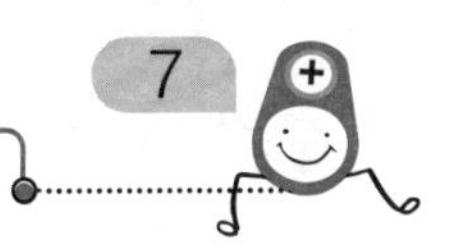

MD02 받아내림이 있는 (세 자리 수)−(두 자리 수) (2)

● 뺄셈을 하세요.

(1)

	1	0	2
−		1	2

(2)

	2	0	3
−		5	1

(3)

	2	1	5
−		1	3

(4)

	4	0	8
−		6	4

(5)

	3	1	7
−		5	4

(6)

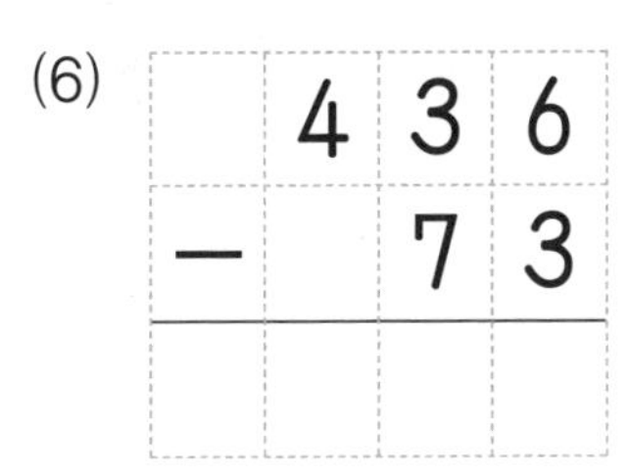

(7)

	3	1	9
−		8	5

(8)

	5	2	3
−		3	2

(9)

	4	2	5
−		1	4

(10)

	3	3	4
−		5	3

(11)

	5	4	3
−		9	2

(12)

	6	4	8
−		7	8

(13)

	5	1	7
−		3	4

(14)

	7	5	9
−		8	5

(15)

	6	7	4
−		9	1

(16)

	8	6	7
−		7	5

● 뺄셈을 하세요.

(1)

	1	5	2
−		2	8

(2)

	3	6	0
−		2	9

(3)

	2	8	0
−		5	4

(4)

	3	4	1
−		1	6

(5)

	4	3	3
−		2	3

(6)

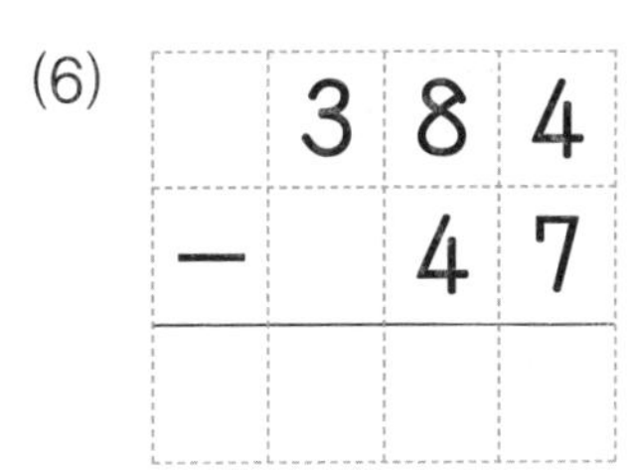

	3	8	4
−		4	7

(7)

	4	7	2
−		6	7

(8)

	5	6	5
−		3	8

(9)

	4	3	8
−		6	5

(10)

	3	0	5
−		7	4

(11)

	5	1	3
−		1	2

(12)

	5	0	7
−		8	3

(13)

	7	2	6
−		3	4

(14)

	6	4	9
−		6	3

(15)

	8	1	8
−		4	7

(16)

	9	5	4
−		6	3

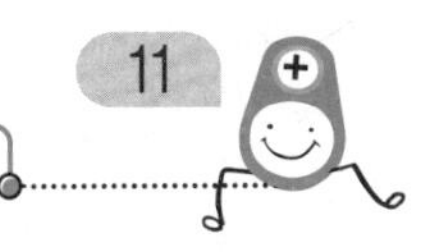

MD02 받아내림이 있는 (세 자리 수)−(두 자리 수) (2)

● 뺄셈을 하세요.

(1)

	2	3	1
−		2	4

(2)

	4	5	2
−		4	2

(3)

	5	4	0
−		2	7

(4)

	3	3	1
−		1	8

(5)

	5	6	0
−		3	5

(6)

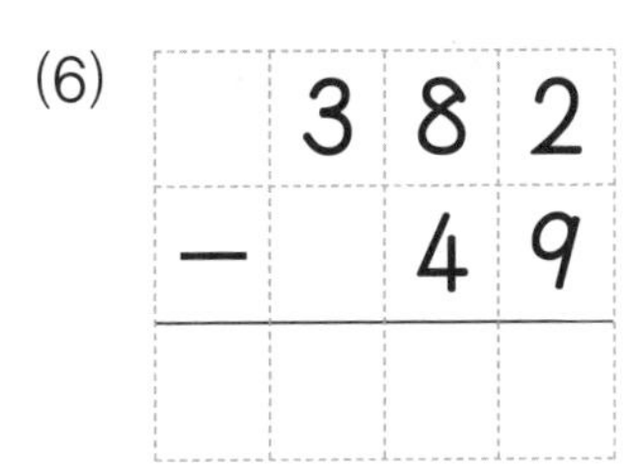

	3	8	2
−		4	9

(7)

	4	7	3
−		6	5

(8)

	3	6	4
−		2	6

(9)

	5	0	4
−		9	3

(10)

	7	1	5
−		6	2

(11)

	6	2	7
−		5	4

(12)

	7	0	6
−		7	1

(13)

	5	1	3
−		4	2

(14)

	8	3	8
−		3	0

(15)

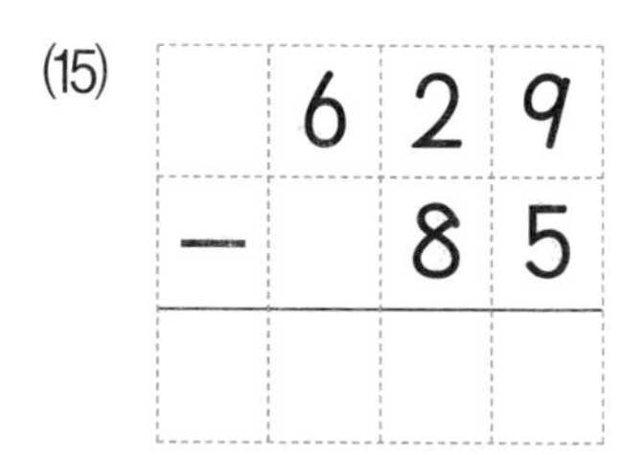

	6	2	9
−		8	5

(16)

	9	4	7
−		9	6

● 뺄셈을 하세요.

(1)

	2	2	1
−		1	5

(2)

	1	3	0
−		2	0

(3)

	4	7	0
−		2	4

(4)

	3	6	2
−		1	9

(5)

	4	5	0
−		3	5

(6)

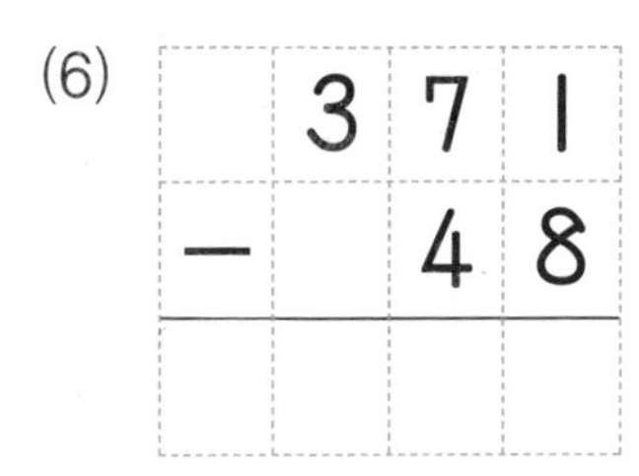

	3	7	1
−		4	8

(7)

	5	8	3
−		3	9

(8)

	6	9	4
−		5	7

(9)

	4	0	5
−		2	3

(10)

	3	2	6
−		1	5

(11)

	2	0	6
−		5	2

(12)

	6	1	7
−		4	3

(13)

	5	3	4
−		9	4

(14)

	7	4	9
−		7	5

(15)

	9	3	8
−		8	6

(16)

	8	2	7
−		4	1

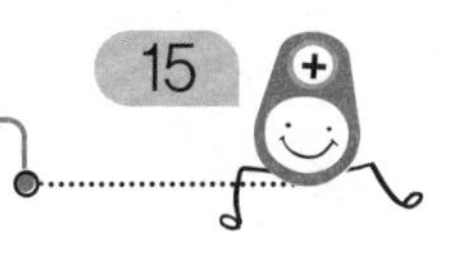

MD02 받아내림이 있는 (세 자리 수)−(두 자리 수) (2)

● 뺄셈을 하세요.

(1)

	4	5	3
−		4	2

(2)

	2	6	2
−		3	8

(3)

	3	4	2
−		2	7

(4)

	3	3	0
−		1	5

(5)

	5	9	0
−		3	6

(6)

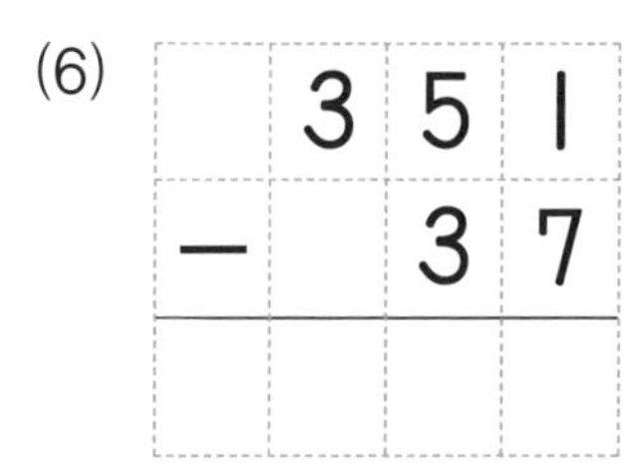

	3	5	1
−		3	7

(7)

	4	7	1
−		2	6

(8)

	5	8	3
−		5	9

(9)

	5	3	4
−		7	3

(10)

	1	0	5
−		8	2

(11)

	4	2	6
−		2	4

(12)

	3	4	7
−		9	6

(13)

	7	1	4
−		3	3

(14)

	9	0	9
−		4	8

(15)

	5	1	8
−		6	5

(16)

	8	3	6
−		7	1

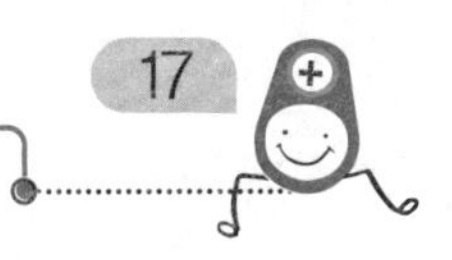

● 뺄셈을 하세요.

(1)
$$\begin{array}{r} 150 \\ -\quad 36 \\ \hline \end{array}$$

(2)
$$\begin{array}{r} 241 \\ -\quad 27 \\ \hline \end{array}$$

(3)
$$\begin{array}{r} 360 \\ -\quad 49 \\ \hline \end{array}$$

(4)
$$\begin{array}{r} 182 \\ -\quad 72 \\ \hline \end{array}$$

(5)
$$\begin{array}{r} 207 \\ -\quad 83 \\ \hline \end{array}$$

(6)
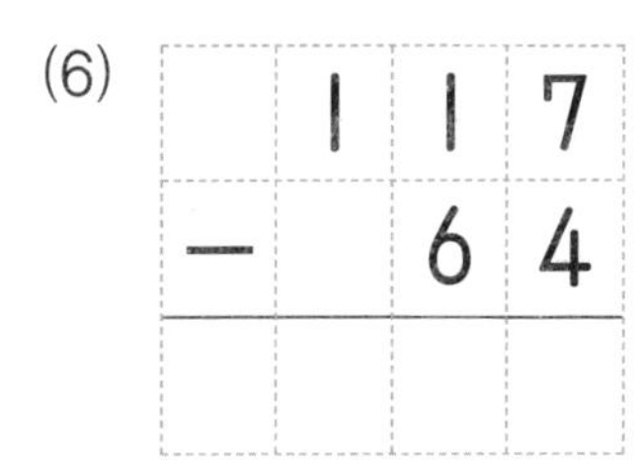
$$\begin{array}{r} 117 \\ -\quad 64 \\ \hline \end{array}$$

(7)
$$\begin{array}{r} 146 \\ -\quad 85 \\ \hline \end{array}$$

(8)
$$\begin{array}{r} 234 \\ -\quad 92 \\ \hline \end{array}$$

(9)

	4	8	3
−		3	5

(10)

	4	6	2
−		4	4

(11)

	3	5	4
−		3	8

(12)

	2	7	1
−		5	9

(13)

	2	1	4
−		1	3

(14)

	5	2	9
−		6	5

(15)

	4	4	6
−		7	2

(16)

	6	5	7
−		8	4

● 뺄셈을 하세요.

(1)

	1	3	0
−		2	7

(2)

	2	4	1
−		2	1

(3)

	1	8	3
−		4	7

(4)

	3	2	4
−		8	3

(5)

	3	0	6
−		7	3

(6)

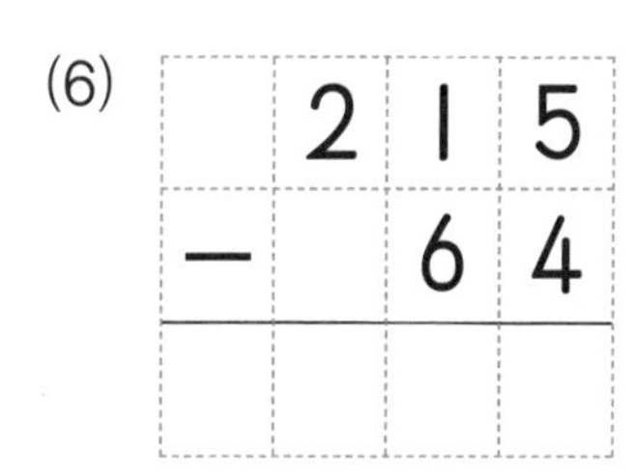

	2	1	5
−		6	4

(7)

	3	7	2
−		5	9

(8)

	4	3	5
−		4	2

(9)

	5	5	2
−		3	5

(10)

	2	3	1
−		2	9

(11)

	2	5	8
−		9	4

(12)

	1	8	5
−		4	7

(13)

	4	2	7
−		3	2

(14)

	3	4	6
−		8	3

(15)

	3	6	8
−		7	4

(16)

	7	9	2
−		5	8

● 뺄셈을 하세요.

(1)

	2	7	3
−		4	2

(2)

	2	6	1
−		3	5

(3)

	3	5	0
−		2	7

(4)

	1	1	8
−		9	3

(5)

	3	0	6
−		6	1

(6)

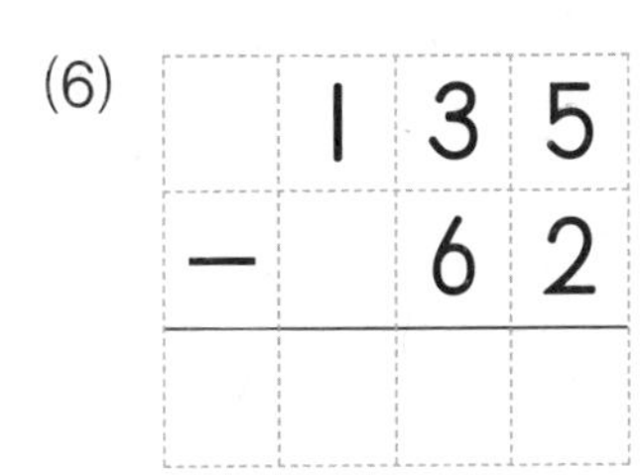

	1	3	5
−		6	2

(7)

	1	8	4
−		7	5

(8)

	4	2	6
−		5	3

(9)

	2	3	1
−		2	7

(10)

	1	6	2
−		1	8

(11)

	3	5	7
−		6	4

(12)

	4	8	5
−		4	8

(13)

	4	4	6
−		5	3

(14)

	5	1	8
−		2	2

(15)

	4	9	7
−		3	8

(16)

	9	3	5
−		8	1

● 뺄셈을 하세요.

(1)

	2	4	1
−		2	7

(2)

	1	5	2
−		2	8

(3)

	1	6	4
−		4	7

(4)

	3	1	8
−		9	7

(5)

	1	1	7
−		3	5

(6)

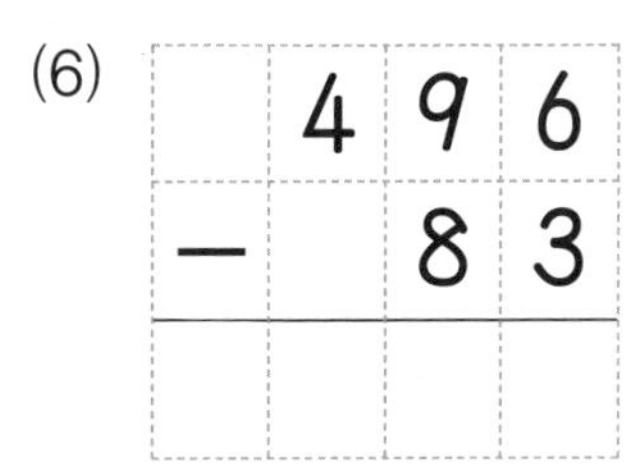

	4	9	6
−		8	3

(7)

	2	9	0
−		3	4

(8)

	5	2	5
−		5	4

(9)

	1	5	3
−		3	7

(10)

	3	7	8
−		8	5

(11)

	3	4	1
−		3	6

(12)

	8	8	5
−		5	6

(13)

	4	5	3
−		3	6

(14)

	4	0	4
−		2	3

(15)

	5	3	6
−		8	2

(16)

	4	5	7
−		8	4

● 뺄셈을 하세요.

(1)

	1	4	3
−		2	5

(2)

	2	6	1
−		4	8

(3)

	4	5	0
−		1	4

(4)

	3	6	8
−		7	5

(5)

	4	2	5
−		1	2

(6)

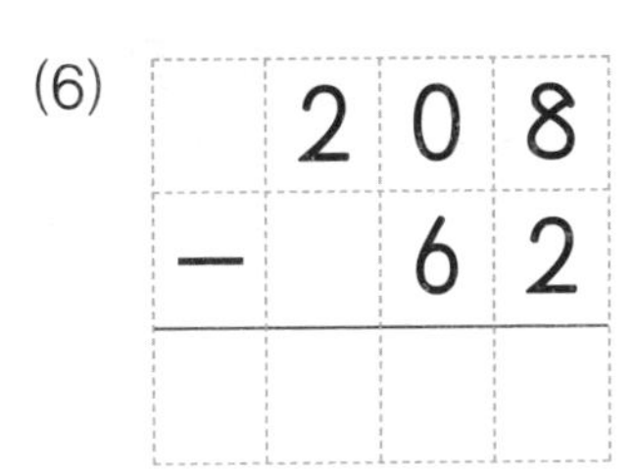

	2	0	8
−		6	2

(7)

	3	5	9
−		8	4

(8)

	3	7	4
−		6	7

(9)

	5	3	7
−		5	2

(10)

	4	4	2
−		1	8

(11)

	2	6	4
−		3	5

(12)

	3	5	3
−		2	7

(13)

	6	0	3
−		3	3

(14)

	6	8	1
−		4	8

(15)

	7	4	5
−		8	1

(16)

	9	3	7
−		5	3

● 뺄셈을 하세요.

(1)

	2	4	1
−		2	5

(5)

	3	7	2
−		3	8

(2)

	1	3	8
−		4	3

(6)

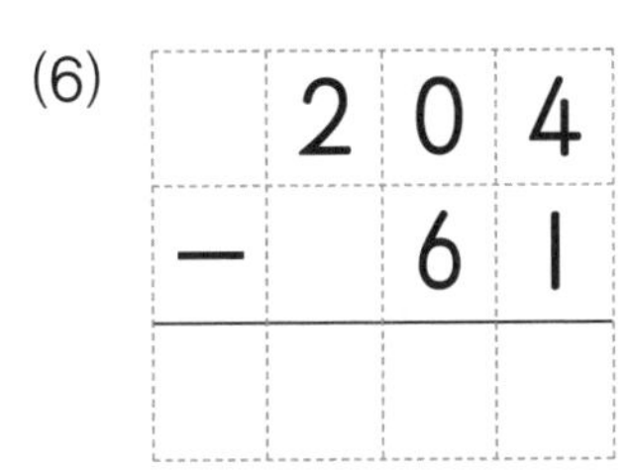

	2	0	4
−		6	1

(3)

	2	2	6
−		8	2

(7)

	5	6	3
−		3	5

(4)

	3	5	2
−		3	2

(8)

	2	4	4
−		9	2

(9)

	4	5	3
−		2	4

(13)

	5	2	3
−		2	1

(10)

	3	5	7
−		9	2

(14)

	8	8	3
−		1	4

(11)

	5	6	0
−		3	5

(15)

	7	2	5
−		7	4

(12)

	2	4	9
−		6	6

(16)

	6	4	8
−		5	7

● 뺄셈을 하세요.

(1)

	3	5	4
−		3	5

(2)

	2	3	3
−		2	5

(3)

	1	2	7
−		2	3

(4)

	3	1	5
−		7	4

(5)

	3	6	3
−		3	6

(6)

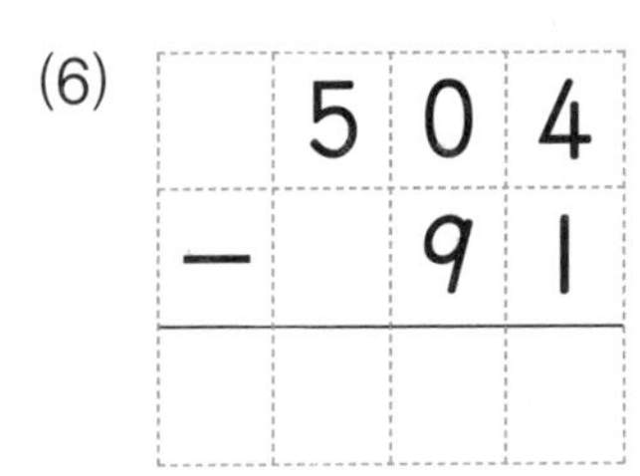

	5	0	4
−		9	1

(7)

	2	8	2
−		5	7

(8)

	4	2	9
−		3	3

(9)

	2	5	8
−		6	7

(10)

	4	3	0
−		2	8

(11)

	3	2	5
−		6	1

(12)

	4	4	2
−		3	4

(13)

	5	3	4
−		6	2

(14)

	8	2	7
−		9	3

(15)

	9	5	6
−		6	0

(16)

	6	8	2
−		3	8

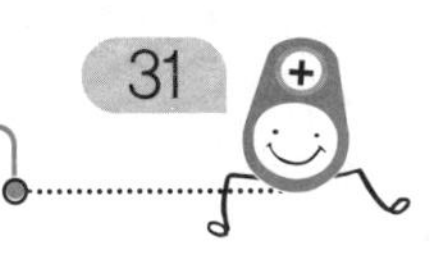

MD02 받아내림이 있는 (세 자리 수)−(두 자리 수) (2)

● 뺄셈을 하세요.

(1)

	3	4	3
−		2	7

(2)

	2	3	7
−		5	6

(3)

	4	2	5
−		8	4

(4)

	3	5	2
−		3	1

(5)

	2	3	2
−		1	9

(6)

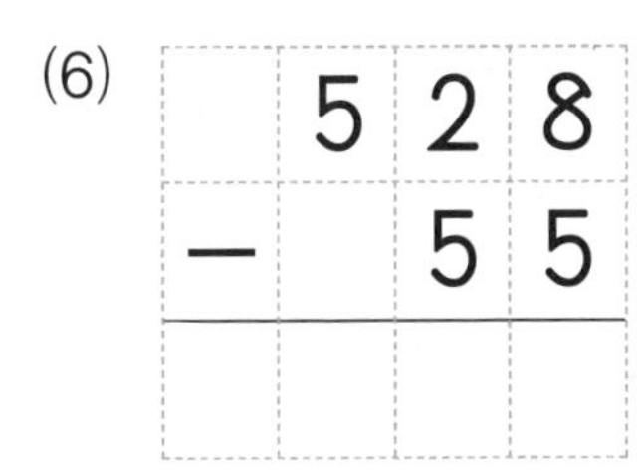

	5	2	8
−		5	5

(7)

	4	8	4
−		6	5

(8)

	2	4	7
−		5	4

(9)

	2	3	1
−		2	2

(13)

	4	7	8
−		9	7

(10)

	5	2	6
−		6	2

(14)

	7	5	4
−		3	8

(11)

	6	4	0
−		2	5

(15)

	5	5	3
−		2	7

(12)

	6	0	5
−		4	3

(16)

	9	3	4
−		6	2

● 뺄셈을 하세요.

(1)

	1	2	0
−		1	0

(2)

	3	3	5
−		8	2

(3)

	2	1	4
−		7	3

(4)

	3	7	4
−		5	9

(5)

	4	6	1
−		3	3

(6)

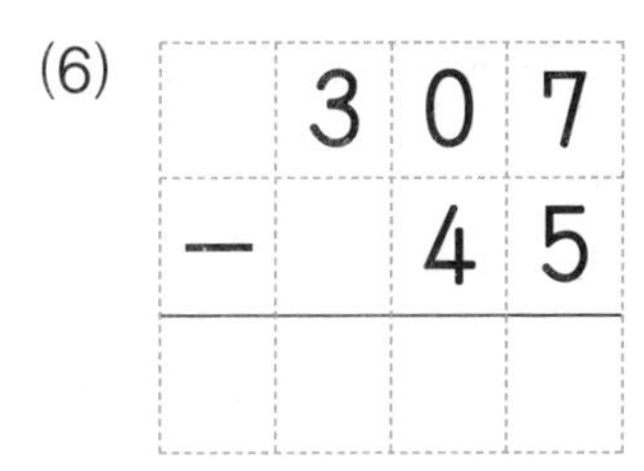

	3	0	7
−		4	5

(7)

	5	8	3
−		2	7

(8)

	7	2	8
−		8	4

(9)

	3	2	7
−		3	4

(10)

	5	6	2
−		3	8

(11)

	6	7	5
−		1	9

(12)

	6	3	2
−		8	1

(13)

	7	6	5
−		3	6

(14)

	5	6	3
−		5	4

(15)

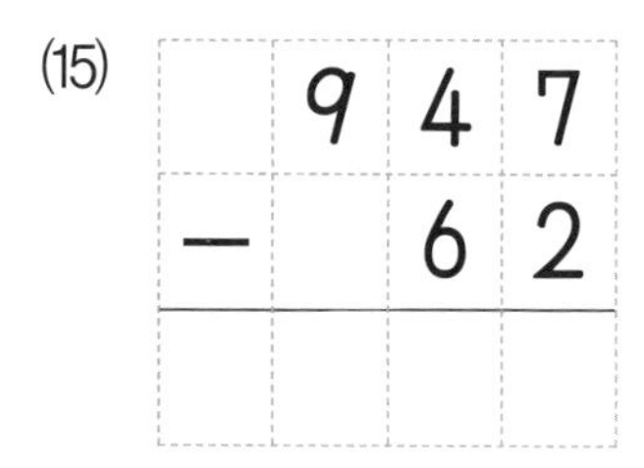

	9	4	7
−		6	2

(16)

	8	4	1
−		2	5

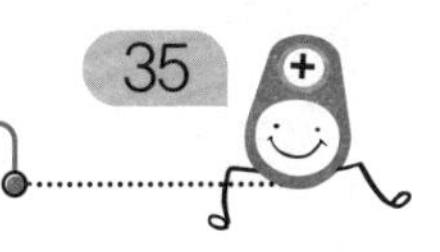

● 뺄셈을 하세요.

(1) $207 - 42$

(2) $141 - 36$

(3) $452 - 24$

(4) $345 - 61$

(5) $426 - 33$

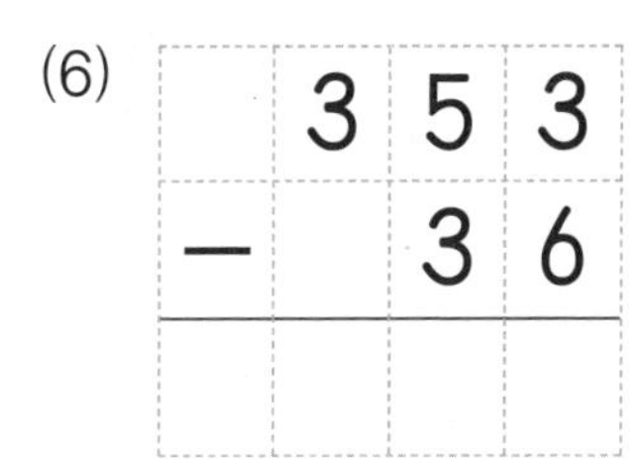

(6) $353 - 36$

(7) $349 - 52$

(8) $532 - 14$

(9)

	3	5	4
−		3	5

(10)

	5	7	5
−		3	7

(11)

	6	2	7
−		5	1

(12)

	9	3	8
−		5	3

(13)

	7	0	6
−		9	5

(14)

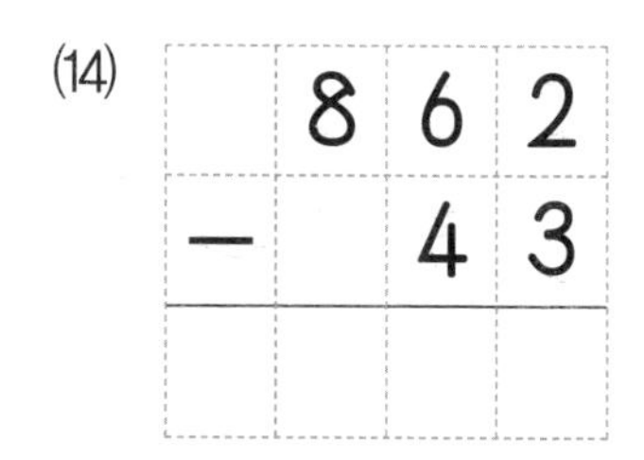

	8	6	2
−		4	3

(15)

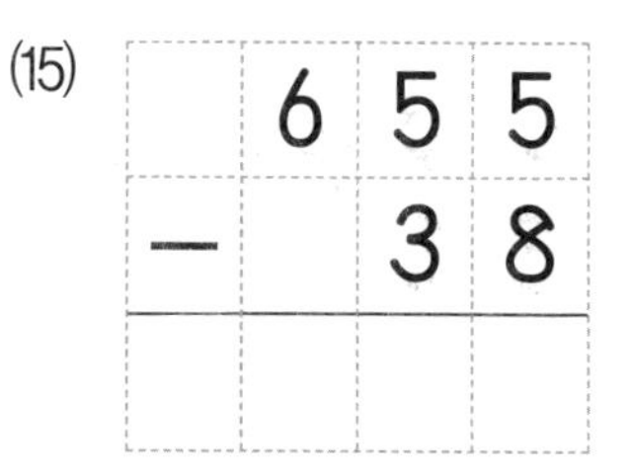

	6	5	5
−		3	8

(16)

	9	5	6
−		7	4

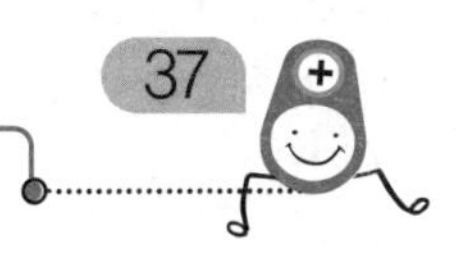

● |보기|와 같이 틀린 답을 바르게 고치세요.

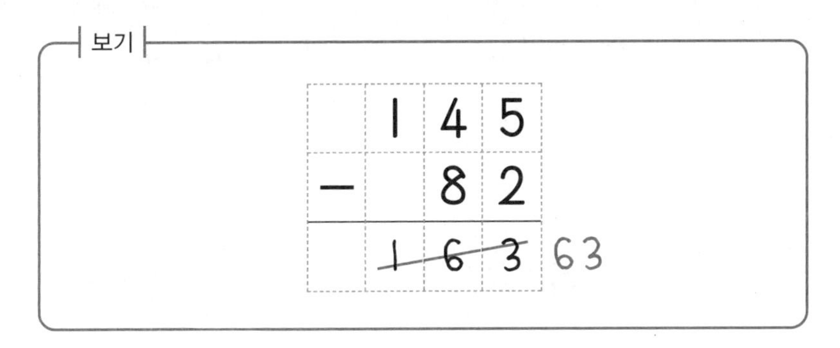

(1)

	1	3	2
−		2	5
	1	1	7

(3)

	5	3	9
−		8	8
	5	5	1

(2)

	4	5	2
−		3	6
	4	2	6

(4)

	3	7	4
−		4	5
	3	3	9

받아내림이 있는 뺄셈을 세로셈으로 계산할 때 받아내림한 수 1을 빼 주어야 함을 잊지 않도록 주의합니다.

(5)

	6	4	1
−		2	7
	6	2	4

(6)

	3	7	2
−		4	8
	3	3	4

(7)

	5	2	5
−		6	1
	5	6	4

(8)

	4	1	6
−		5	3
	4	6	3

(9)

	6	2	4
−		3	2
	6	9	2

(10)

	8	6	4
−		1	5
	8	5	9

(11)

	3	7	0
−		3	6
	3	4	4

(12)

	7	4	8
−		7	1
	7	7	7

MD02 받아내림이 있는 (세 자리 수)−(두 자리 수) (2)

● 틀린 답을 바르게 고치세요.

(1)

	4	3	5
−		4	2
	4	9	3

(2)

	3	4	0
−		2	6
	3	2	4

(3)

	3	6	2
−		5	3
	3	1	9

(4)

	5	2	0
−		1	7
	5	1	3

(5)

	4	3	8
−		9	4
	4	4	4

(6)

	3	6	1
−		2	3
	3	4	8

(7)

	5	7	3
−		6	5
	5	1	8

(8)

	6	4	7
−		5	2
	6	9	5

(9)

	5	5	1
−		3	5
	5	2	6

(10)

	7	6	5
−		3	7
	7	3	8

(11)

	6	3	8
−		4	4
	6	9	4

(12)

	3	4	6
−		9	3
	3	5	3

(13)

	4	3	1
−		1	8
	4	2	3

(14)

	9	2	6
−		4	1
	9	8	5

(15)

	6	8	0
−		7	8
	6	1	2

(16)

	8	5	9
−		9	3
	8	6	6

받아내림이 있는 (세 자리 수)-(두 자리 수) (3)

요일	교재 번호	학습한 날짜	확인
1일차(월)	01~08	월 일	
2일차(화)	09~16	월 일	
3일차(수)	17~24	월 일	
4일차(목)	25~32	월 일	
5일차(금)	33~40	월 일	

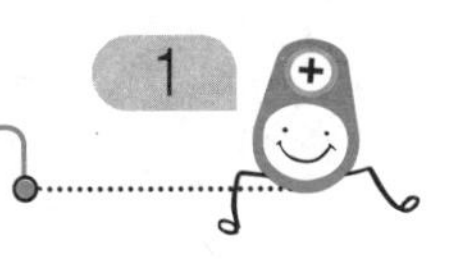

● 뺄셈을 하세요.

(1)

	1	5	0
−		3	4

(2)

	1	6	0
−		3	7

(3)

	2	7	4
−		4	9

(4)

	1	9	3
−		5	8

(5)

	2	4	5
−		3	8

(6)

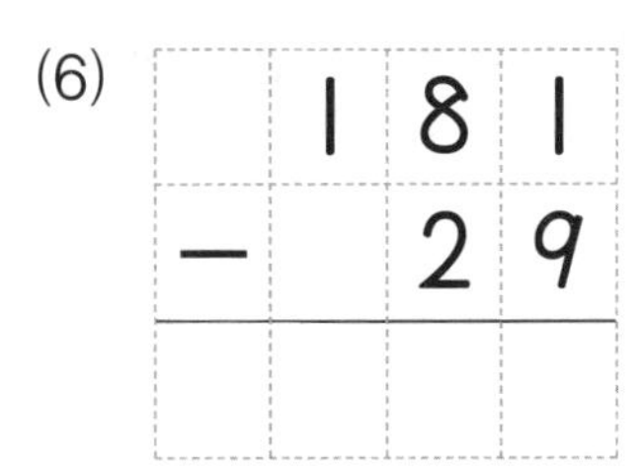

	1	8	1
−		2	9

(7)

	2	3	8
−		2	5

(8)

	2	2	6
−		1	7

(9)

	1	0	5
−		2	5

(13)

	2	1	6
−		9	2

(10)

	2	3	5
−		8	4

(14)

	2	7	9
−		5	3

(11)

	1	1	7
−		5	2

(15)

	1	0	8
−		3	6

(12)

	1	2	6
−		4	3

(16)

	2	2	4
−		7	2

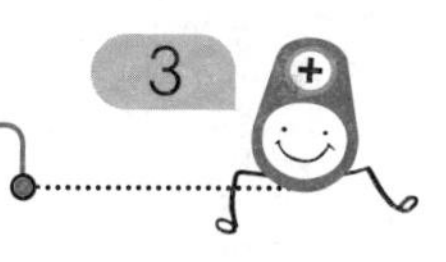

● 빼셈을 하세요.

(1)

	0	10	10
	~~1~~	~~1~~	0
−		5	6
		5	4

(2)

	1	2	0
−		7	8

(3)

	1	0	1
−		3	5

(4)

	1	0	3
−		4	7

(5)

	1	3	1
−		3	7

(6)

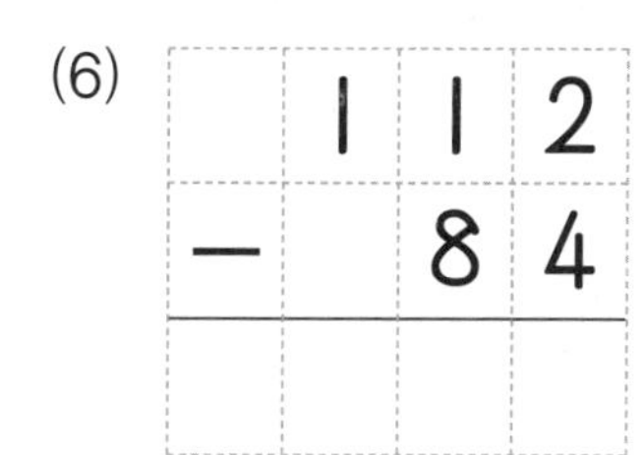

	1	1	2
−		8	4

(7)

	1	1	4
−		9	3

(8)

	1	3	3
−		5	8

(9)

	1	2	1
−		6	1

(10)

	1	2	4
−		4	7

(11)

	1	3	2
−		6	8

(12)

	1	3	5
−		8	9

(13)

	1	4	2
−		7	5

(14)

	1	4	5
−		8	6

(15)

	1	5	2
−		9	4

(16)

	1	5	5
−		9	8

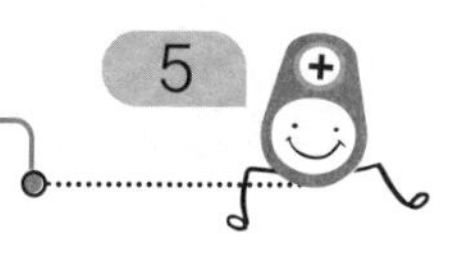

MD03 받아내림이 있는 (세 자리 수)-(두 자리 수) (3)

● 뺄셈을 하세요.

(1)

	□	□	□
	~~1~~	~~3~~	0
−		4	2

(5)

	1	1	5
−		4	9

(2)

	1	0	2
−		9	7

(6)

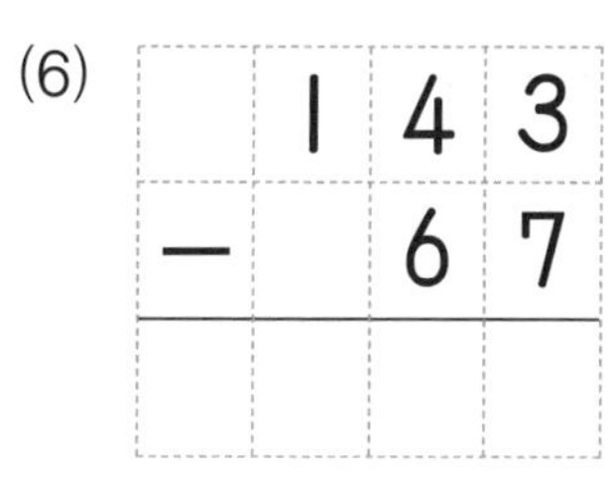

	1	4	3
−		6	7

(3)

	1	4	0
−		2	5

(7)

	1	1	3
−		5	6

(4)

	1	0	5
−		6	8

(8)

	1	3	6
−		8	7

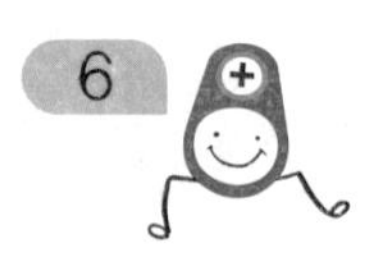

(9)

	1	6	3
−		6	6

(10)

	1	7	2
−		8	4

(11)

	1	8	2
−		2	5

(12)

	1	6	4
−		7	5

(13)

	1	5	3
−		6	4

(14)

	1	7	3
−		9	8

(15)

	1	5	4
−		8	7

(16)

	1	8	1
−		9	3

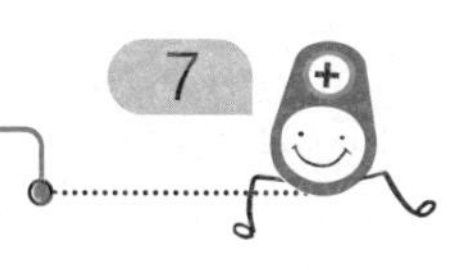

MD03 받아내림이 있는 (세 자리 수)-(두 자리 수) (3)

● 뺄셈을 하세요.

(1)

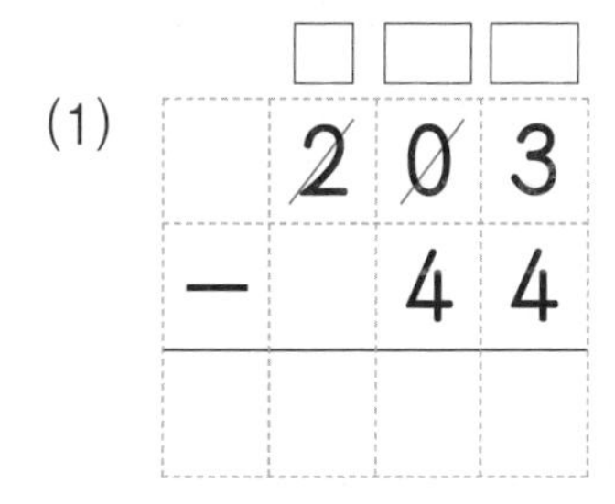

$$\begin{array}{r} 203 \\ -\ \ 44 \\ \hline \end{array}$$

(2)

$$\begin{array}{r} 101 \\ -\ \ 53 \\ \hline \end{array}$$

(3)

$$\begin{array}{r} 220 \\ -\ \ 40 \\ \hline \end{array}$$

(4)

$$\begin{array}{r} 230 \\ -\ \ 61 \\ \hline \end{array}$$

(5)

$$\begin{array}{r} 111 \\ -\ \ 48 \\ \hline \end{array}$$

(6)

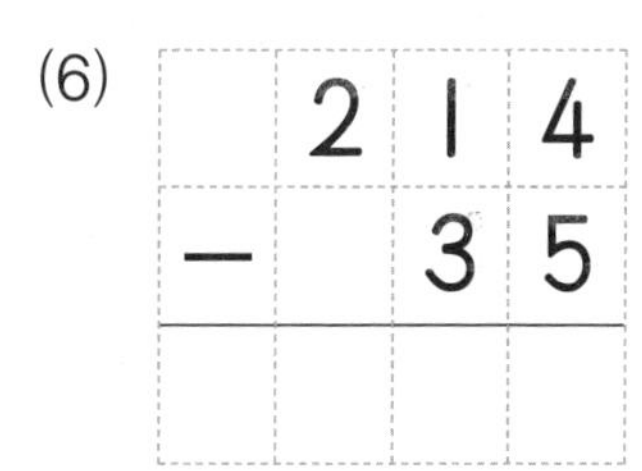

$$\begin{array}{r} 214 \\ -\ \ 35 \\ \hline \end{array}$$

(7)

$$\begin{array}{r} 224 \\ -\ \ 99 \\ \hline \end{array}$$

(8)

$$\begin{array}{r} 213 \\ -\ \ 47 \\ \hline \end{array}$$

(9)

	2	2	2
−		6	6

(10)

	2	2	5
−		1	8

(11)

	1	3	1
−		7	5

(12)

	2	2	6
−		3	8

(13)

	2	3	3
−		4	6

(14)

	2	4	1
−		5	3

(15)

	2	4	5
−		8	7

(16)

	2	5	2
−		9	7

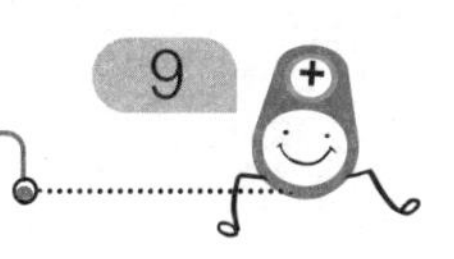

● 뺄셈을 하세요.

(1)

	1	0	4
−		1	6

(2)

	1	3	0
−		7	2

(3)

	2	2	1
−		2	5

(4)

	1	2	2
−		4	6

(5)

	2	0	5
−		3	7

(6)

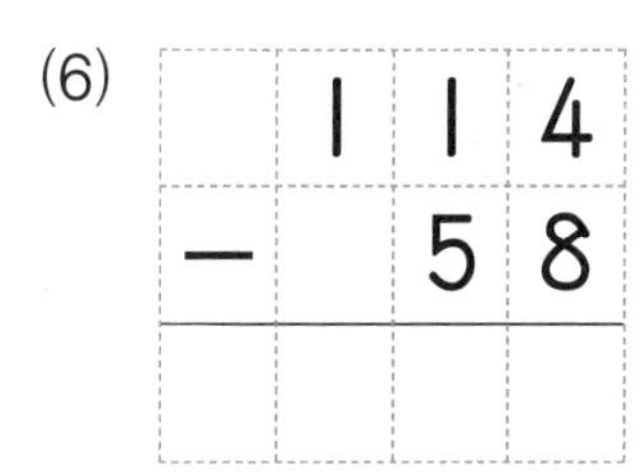

	1	1	4
−		5	8

(7)

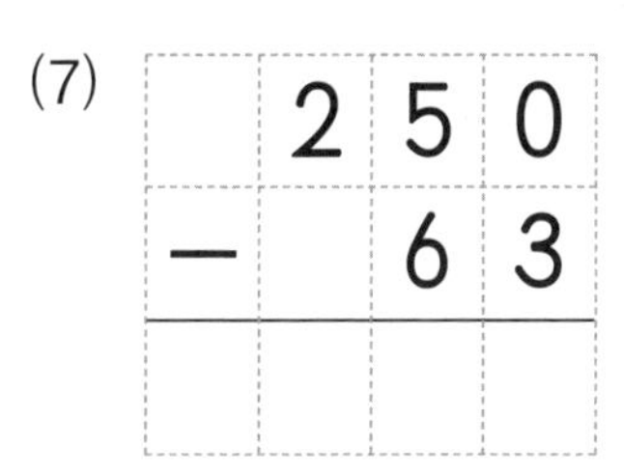

	2	5	0
−		6	3

(8)

	2	3	4
−		7	7

(9)

	1	1	5
−		5	8

(10)

	1	3	4
−		1	5

(11)

	2	5	7
−		8	8

(12)

	2	6	6
−		8	7

(13)

	2	1	3
−		4	8

(14)

	1	5	2
−		6	4

(15)

	1	4	3
−		7	6

(16)

	2	3	8
−		5	9

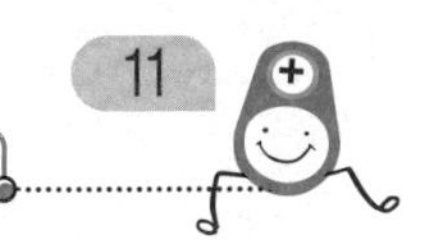

MD03 받아내림이 있는 (세 자리 수)−(두 자리 수) (3)

● 뺄셈을 하세요.

(1)

	2	0	4
−		8	6

(2)

	2	1	0
−		7	6

(3)

	1	0	2
−		5	0

(4)

	2	4	0
−		8	1

(5)

	1	4	2
−		5	9

(6)

	2	5	3
−		7	7

(7)

	2	4	4
−		8	7

(8)

	2	5	1
−		7	2

(9)

	2	5	6
−		7	8

(10)

	2	6	1
−		7	5

(11)

	2	7	4
−		9	6

(12)

	2	7	1
−		8	4

(13)

	2	8	2
−		8	3

(14)

	1	3	5
−		4	7

(15)

	2	6	3
−		9	5

(16)

	2	7	6
−		9	9

MD03 받아내림이 있는 (세 자리 수)-(두 자리 수) (3)

● 뺄셈을 하세요.

(1)

$$\begin{array}{r} 104 \\ -\ \ 35 \\ \hline \end{array}$$

(2)

$$\begin{array}{r} 312 \\ -\ \ 47 \\ \hline \end{array}$$

(3)

$$\begin{array}{r} 323 \\ -\ \ 55 \\ \hline \end{array}$$

(4)

$$\begin{array}{r} 210 \\ -\ \ 56 \\ \hline \end{array}$$

(5)

$$\begin{array}{r} 311 \\ -\ \ 24 \\ \hline \end{array}$$

(6)

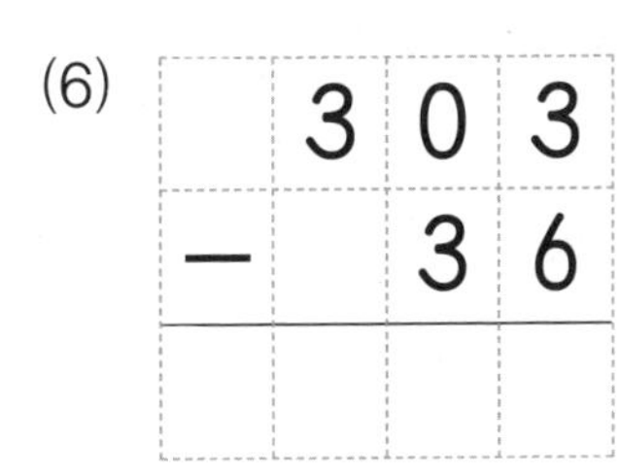

$$\begin{array}{r} 303 \\ -\ \ 36 \\ \hline \end{array}$$

(7)

$$\begin{array}{r} 340 \\ -\ \ 67 \\ \hline \end{array}$$

(8)

$$\begin{array}{r} 315 \\ -\ \ 58 \\ \hline \end{array}$$

(9)

	3	2	4
−		3	7

(10)

	2	1	4
−		1	5

(11)

	3	2	1
−		8	6

(12)

	3	3	2
−		4	1

(13)

	3	2	2
−		5	3

(14)

	3	3	4
−		4	6

(15)

	3	5	3
−		9	4

(16)

	3	4	5
−		7	7

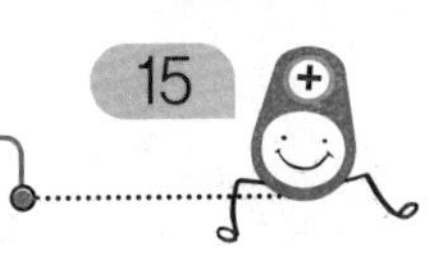

● 뺄셈을 하세요.

(1)

	3	1	5
−		4	6

(2)

	3	0	1
−		5	8

(3)

	3	3	0
−		6	0

(4)

	2	2	6
−		4	8

(5)

	1	0	2
−		1	5

(6)

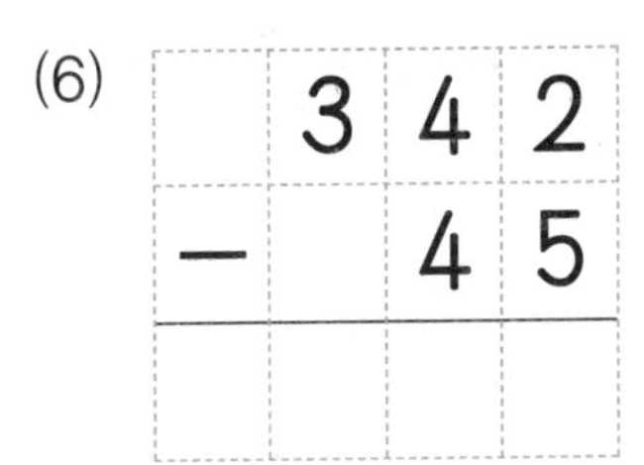

	3	4	2
−		4	5

(7)

	3	4	3
−		5	6

(8)

	3	5	0
−		8	3

(9)

	1	5	2
−		3	5

(10)

	3	6	3
−		7	4

(11)

	3	5	1
−		9	7

(12)

	3	6	5
−		7	6

(13)

	3	7	3
−		9	4

(14)

	3	5	4
−		8	8

(15)

	3	7	5
−		9	6

(16)

	3	6	4
−		9	8

● 뺄셈을 하세요.

(1)

	2	0	5
−		6	5

(2)

	2	0	0
−		3	6

(3)

	2	3	0
−		6	7

(4)

	3	2	4
−		9	6

(5)

	3	1	2
−		5	6

(6)

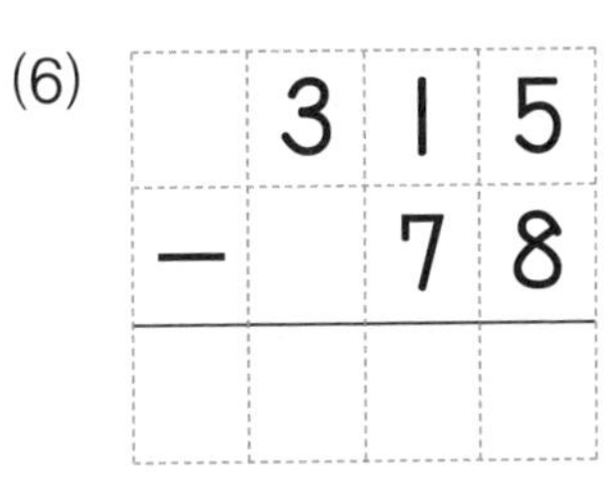

	3	1	5
−		7	8

(7)

	2	2	3
−		6	9

(8)

	3	1	0
−		4	7

(9)

	2	3	5
−		3	8

(10)

	2	5	2
−		7	4

(11)

	3	4	2
−		9	3

(12)

	3	5	6
−		6	7

(13)

	3	3	3
−		6	4

(14)

	2	2	5
−		5	8

(15)

	3	6	4
−		8	5

(16)

	2	4	7
−		8	7

● 뺄셈을 하세요.

(1)

	1	0	4
−		4	6

(2)

	4	1	3
−		2	1

(3)

	4	2	5
−		4	8

(4)

	3	0	1
−		6	7

(5)

	4	2	0
−		3	5

(6)

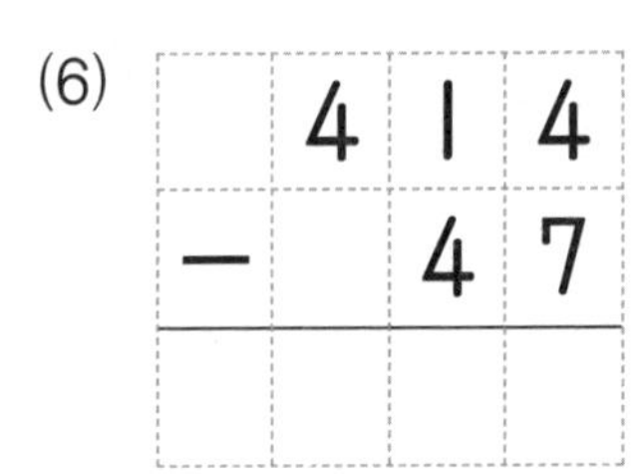

	4	1	4
−		4	7

(7)

	4	4	0
−		8	6

(8)

	4	1	2
−		5	4

(9)

	4	2	4
−		5	8

(10)

	4	2	2
−		3	7

(11)

	2	1	1
−		1	6

(12)

	4	2	1
−		1	5

(13)

	4	4	1
−		7	5

(14)

	4	5	3
−		6	8

(15)

	4	3	2
−		5	5

(16)

	4	3	4
−		8	9

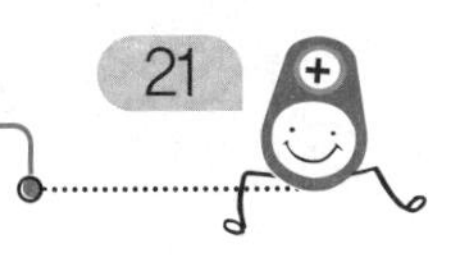

● 뺄셈을 하세요.

(1)

	1	1	3
−		3	2

(2)

	1	0	1
−		5	3

(3)

	1	0	4
−		4	6

(4)

	2	1	2
−		7	5

(5)

	2	2	4
−		7	8

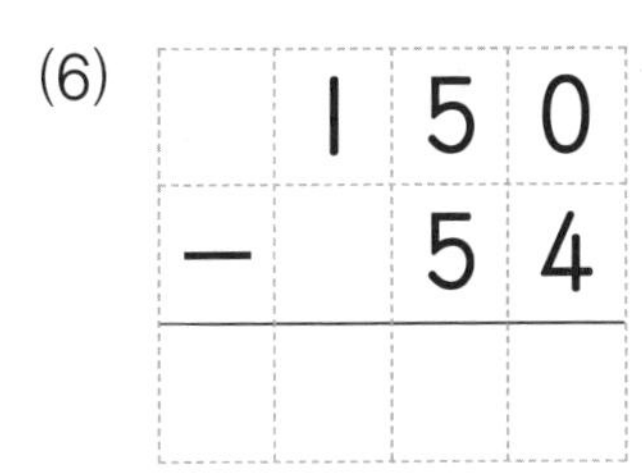

(6)

	1	5	0
−		5	4

(7)

	2	4	0
−		5	6

(8)

	2	1	4
−		6	5

(9)

	3	2	5
−		5	8

(10)

	3	3	2
−		6	7

(11)

	4	1	2
−		7	0

(12)

	3	2	4
−		5	9

(13)

	3	4	3
−		7	5

(14)

	4	2	3
−		8	6

(15)

	4	3	6
−		8	9

(16)

	4	5	2
−		9	5

● 뺄셈을 하세요.

(1)

	1	1	0
−		4	6

(2)

	1	4	0
−		5	8

(3)

	2	2	1
−		3	1

(4)

	2	0	4
−		4	5

(5)

	1	4	1
−		5	3

(6)

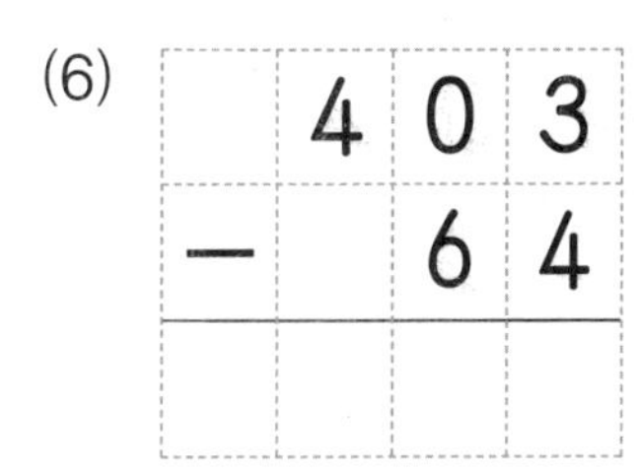

	4	0	3
−		6	4

(7)

	3	1	3
−		5	5

(8)

	2	5	4
−		6	5

(9)

	3	5	4
−		8	2

(10)

	2	5	2
−		6	3

(11)

	1	4	5
−		7	8

(12)

	4	3	3
−		6	5

(13)

	4	4	1
−		5	4

(14)

	3	5	6
−		8	7

(15)

	4	6	5
−		8	7

(16)

	3	8	3
−		9	4

MD03 받아내림이 있는 (세 자리 수)-(두 자리 수) (3)

● 뺄셈을 하세요.

(1)

	1	1	6
−		2	4

(5)

	2	0	6
−		5	7

(2)

	1	0	7
−		4	8

(6)

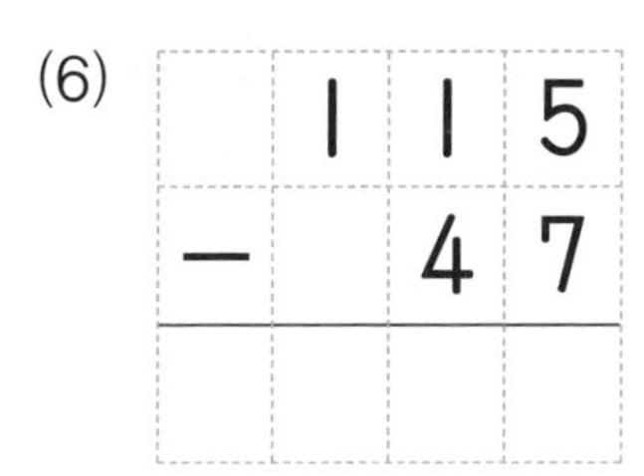

	1	1	5
−		4	7

(3)

	2	3	1
−		6	4

(7)

	2	6	0
−		7	8

(4)

	1	4	0
−		4	2

(8)

	2	1	8
−		7	9

(9)

	3	2	3
−		4	5

(10)

	4	2	6
−		5	9

(11)

	3	3	5
−		5	8

(12)

	3	3	7
−		6	8

(13)

	4	4	8
−		7	9

(14)

	4	4	7
−		4	8

(15)

	3	5	6
−		8	3

(16)

	4	5	3
−		6	4

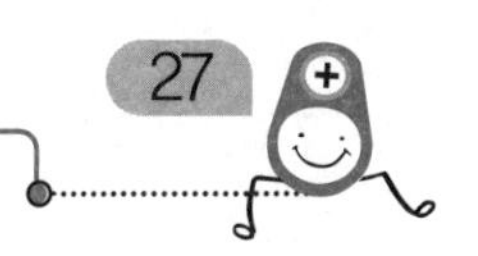

● 뺄셈을 하세요.

(1)

	5	0	3
−		2	4

(2)

	2	1	4
−		5	6

(3)

	5	0	2
−		1	1

(4)

	5	4	0
−		6	8

(5)

	5	1	1
−		3	5

(6)

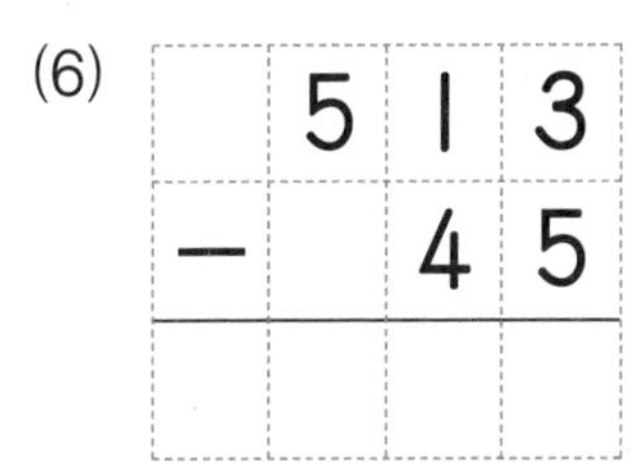

	5	1	3
−		4	5

(7)

	4	3	0
−		7	8

(8)

	5	2	5
−		8	6

(9)

	5	3	2
−		3	4

(10)

	5	3	4
−		5	7

(11)

	3	4	5
−		6	9

(12)

	5	5	3
−		4	9

(13)

	5	5	2
−		7	4

(14)

	5	4	5
−		7	8

(15)

	5	6	2
−		9	5

(16)

	5	7	4
−		8	6

MD03 받아내림이 있는 (세 자리 수)-(두 자리 수) (3)

● 뺄셈을 하세요.

(1)

	6	1	4
−		4	6

(2)

	3	1	5
−		5	5

(3)

	6	3	0
−		7	3

(4)

	6	6	0
−		8	4

(5)

	4	0	4
−		1	5

(6)

	6	0	2
−		2	5

(7)

	6	3	1
−		5	6

(8)

	6	2	4
−		7	5

(9)

	5	2	5
−		4	9

(10)

	6	3	4
−		2	6

(11)

	6	2	6
−		3	7

(12)

	6	4	1
−		4	2

(13)

	6	3	2
−		6	8

(14)

	6	5	3
−		7	5

(15)

	6	5	2
−		8	9

(16)

	6	6	4
−		8	8

MD03 받아내림이 있는 (세 자리 수)-(두 자리 수) (3)

● 뺄셈을 하세요.

(1)

	7	1	3
−		2	6

(2)

	5	0	3
−		2	8

(3)

	7	0	6
−		4	5

(4)

	7	1	6
−		4	9

(5)

	7	4	0
−		5	5

(6)

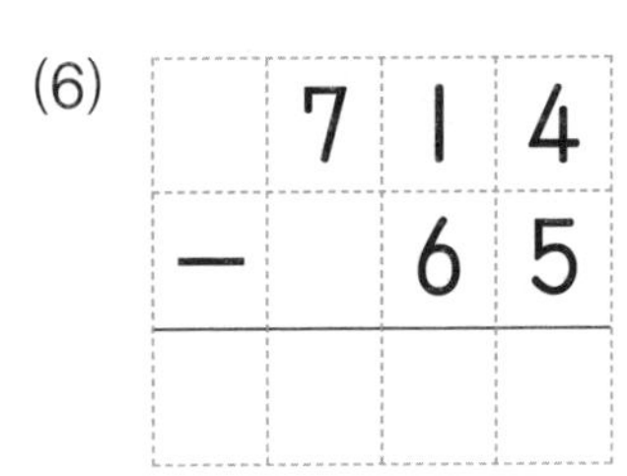

	7	1	4
−		6	5

(7)

	6	5	0
−		7	3

(8)

	7	2	1
−		3	5

(9)

	7	2	5
−		4	5

(10)

	8	3	3
−		4	6

(11)

	8	4	2
−		5	7

(12)

	8	4	3
−		5	4

(13)

	9	1	5
−		1	7

(14)

	9	5	5
−		8	6

(15)

	9	5	1
−		6	3

(16)

	9	6	7
−		7	8

● 뺄셈을 하세요.

(1)

	1	1	4
−		3	7

(2)

	1	0	2
−		3	5

(3)

	1	1	5
−		3	4

(4)

	1	0	4
−		5	5

(5)

	2	3	0
−		6	2

(6)

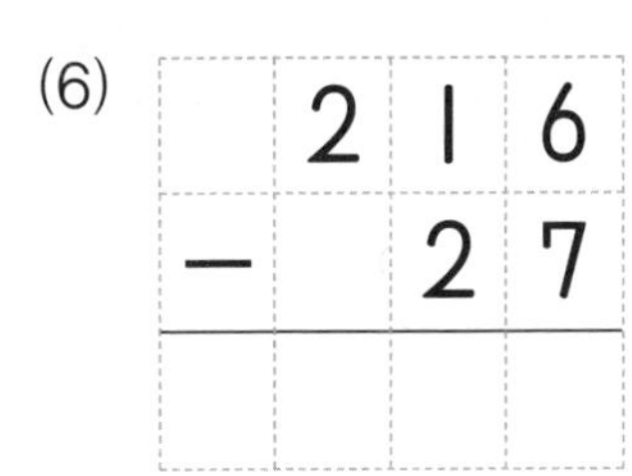

	2	1	6
−		2	7

(7)

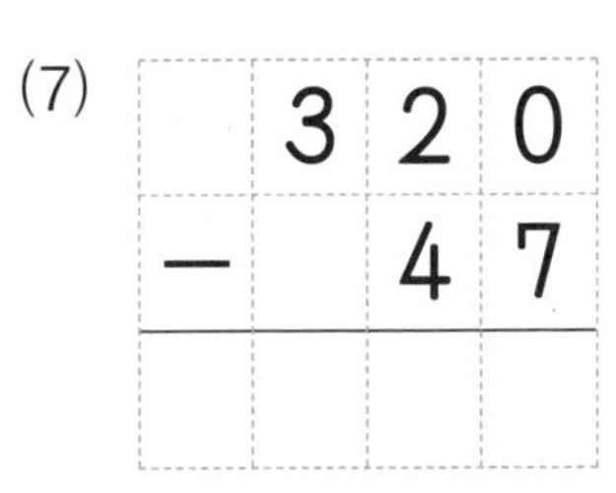

	3	2	0
−		4	7

(8)

	2	2	5
−		6	8

(9)

	3	1	3
−		3	7

(10)

	2	2	2
−		5	1

(11)

	3	2	1
−		5	6

(12)

	4	3	4
−		5	9

(13)

	4	2	6
−		8	8

(14)

	4	3	6
−		9	7

(15)

	3	3	2
−		8	5

(16)

	4	4	2
−		5	4

● 뺄셈을 하세요.

(1)

	1	0	3
−		4	6

(2)

	1	0	5
−		5	7

(3)

	2	1	4
−		2	5

(4)

	2	1	3
−		2	2

(5)

	3	2	5
−		7	6

(6)

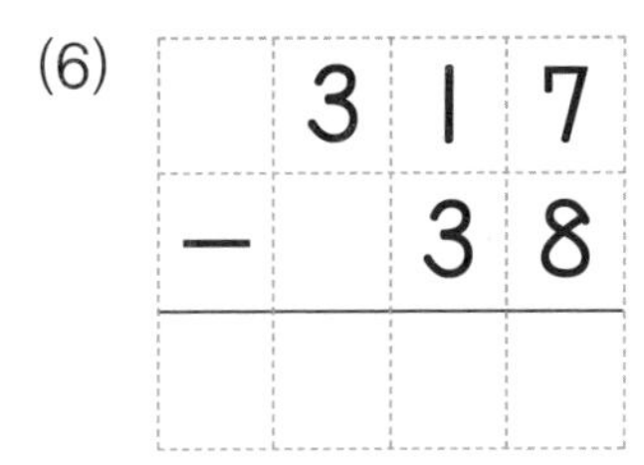

	3	1	7
−		3	8

(7)

	4	2	0
−		5	4

(8)

	4	3	0
−		5	3

(9)

	1	2	3
−		4	8

(10)

	1	3	1
−		8	2

(11)

	5	2	4
−		6	5

(12)

	3	2	6
−		5	7

(13)

	2	3	2
−		9	5

(14)

	6	3	4
−		8	6

(15)

	3	4	3
−		7	6

(16)

	4	3	5
−		4	9

● 뺄셈을 하세요.

(1)

	1	3	2
−		4	5

(2)

	2	4	4
−		4	7

(3)

	1	4	2
−		3	5

(4)

	3	4	6
−		7	8

(5)

	2	5	2
−		8	3

(6)

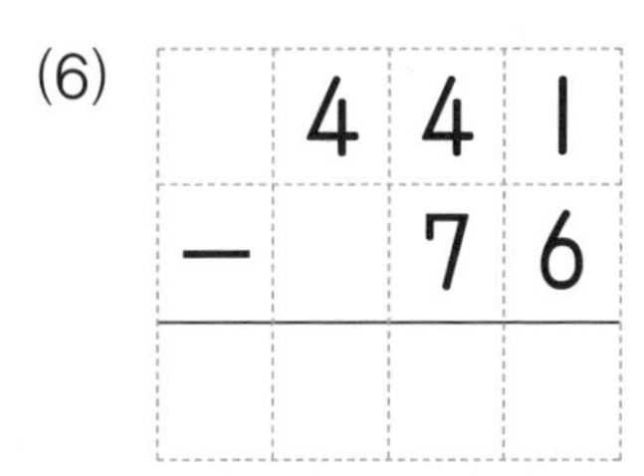

	4	4	1
−		7	6

(7)

	3	5	3
−		6	8

(8)

	4	5	1
−		7	4

(9)

	1	5	4
−		6	2

(10)

	2	5	5
−		6	8

(11)

	3	2	6
−		7	8

(12)

	2	6	2
−		8	3

(13)

	3	6	3
−		9	5

(14)

	5	6	1
−		8	6

(15)

	4	7	4
−		9	9

(16)

	8	7	5
−		8	9

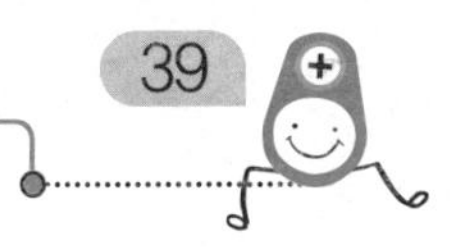

● 뺄셈을 하세요.

(1)

	1	0	3
−		9	2

(2)

	1	0	4
−		8	5

(3)

	2	1	4
−		2	6

(4)

	3	1	3
−		4	7

(5)

	3	5	0
−		7	3

(6)

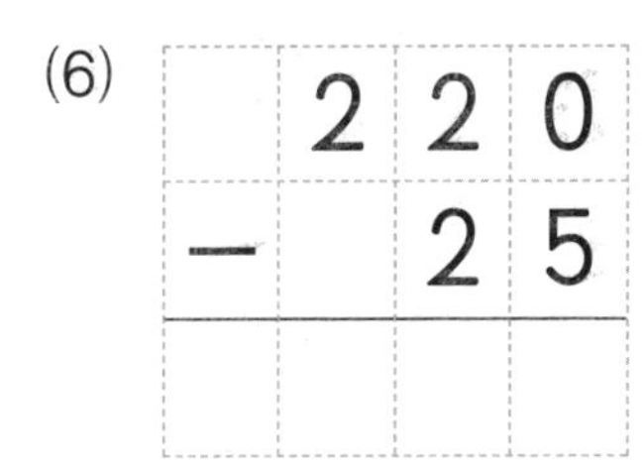

	2	2	0
−		2	5

(7)

	5	2	1
−		3	6

(8)

	4	3	2
−		7	9

(9)

	1	3	4
−		2	8

(10)

	2	3	3
−		6	5

(11)

	3	4	2
−		6	9

(12)

	4	5	3
−		7	5

(13)

	1	4	3
−		6	4

(14)

	3	6	2
−		8	3

(15)

	5	4	6
−		9	7

(16)

	7	7	1
−		8	3

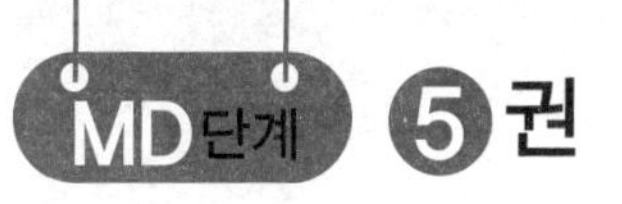

받아내림이 있는 (세 자리 수)-(두 자리 수) (4)

요일	교재 번호	학습한 날짜	확인
1일차(월)	01~08	월 일	
2일차(화)	09~16	월 일	
3일차(수)	17~24	월 일	
4일차(목)	25~32	월 일	
5일차(금)	33~40	월 일	

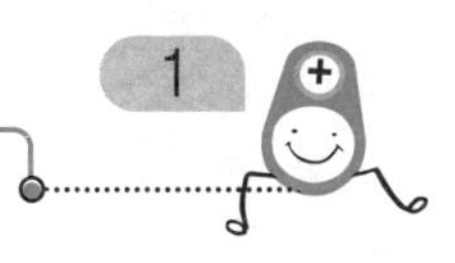

● 뺄셈을 하세요.

(1)

	1	2	0
−		5	3

(2)

	1	1	5
−		5	6

(3)

	2	3	0
−		4	6

(4)

	1	0	2
−		2	3

(5)

	2	0	6
−		2	5

(6)

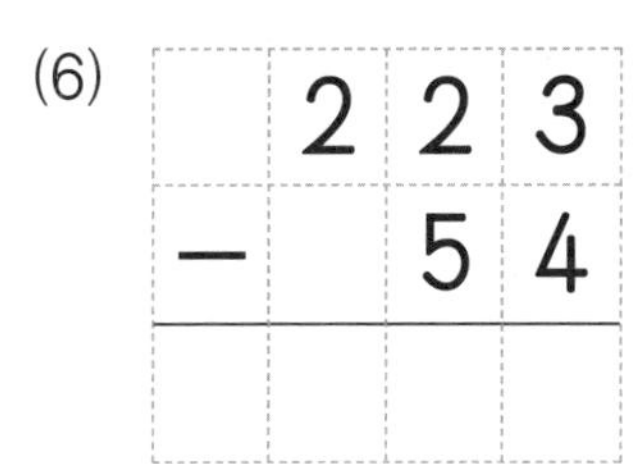

	2	2	3
−		5	4

(7)

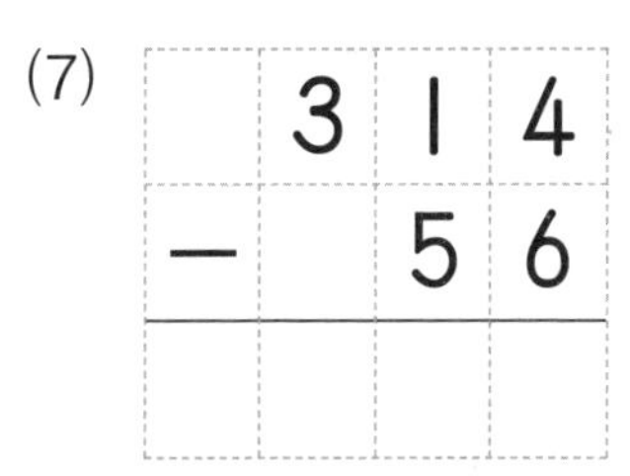

	3	1	4
−		5	6

(8)

	4	2	5
−		4	9

(9)

	1	0	4
−		3	7

(10)

	3	2	6
−		4	7

(11)

	2	3	2
−		2	4

(12)

	2	4	0
−		5	8

(13)

	4	5	5
−		8	8

(14)

	3	4	3
−		6	7

(15)

	4	4	2
−		5	3

(16)

	5	3	5
−		4	8

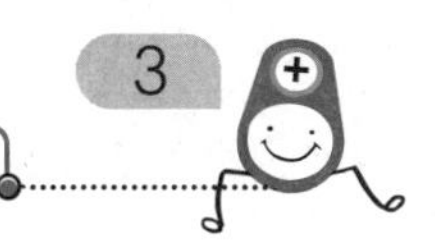

MD04 받아내림이 있는 (세 자리 수)-(두 자리 수) (4)

● 뺄셈을 하세요.

(1)

	1	3	0
−		6	6

(2)

	2	5	0
−		7	2

(3)

	4	0	6
−		3	4

(4)

	4	1	3
−		5	6

(5)

	3	0	6
−		4	9

(6)

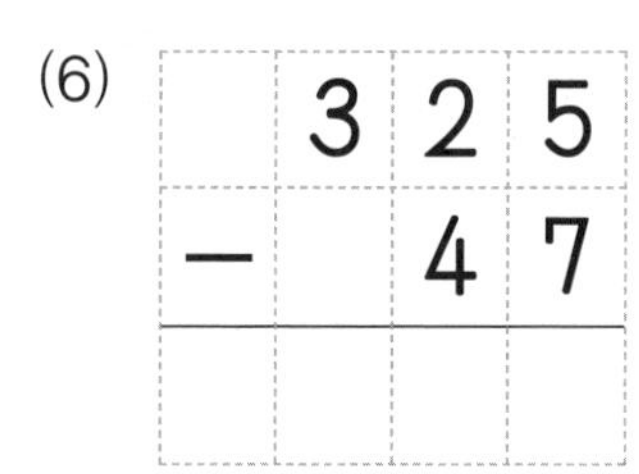

	3	2	5
−		4	7

(7)

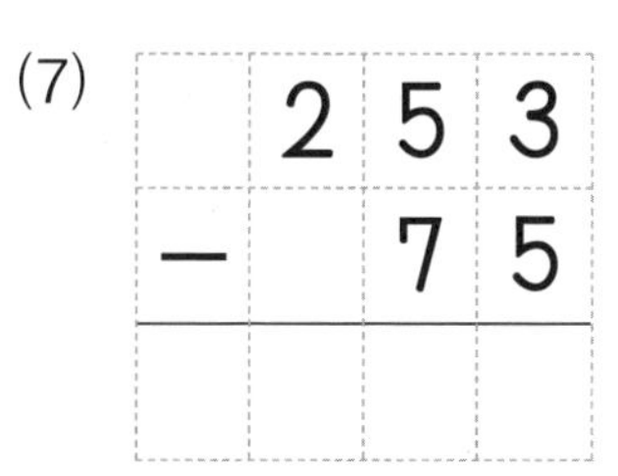

	2	5	3
−		7	5

(8)

	2	4	3
−		9	6

(9)

	4	5	2
−		6	5

(10)

	2	6	7
−		6	8

(11)

	3	5	4
−		4	8

(12)

	3	7	2
−		8	5

(13)

	5	3	5
−		4	7

(14)

	5	7	3
−		9	4

(15)

	6	6	3
−		7	6

(16)

	7	8	1
−		9	2

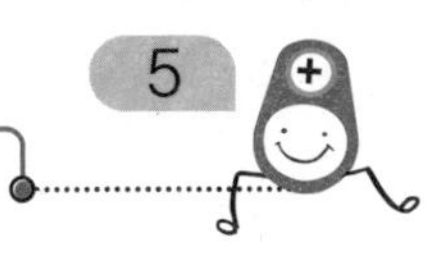

● 뺄셈을 하세요.

(1)

	2	1	1
−		5	5

(2)

	1	1	0
−		8	0

(3)

	2	6	0
−		7	3

(4)

	3	0	2
−		2	3

(5)

	4	1	5
−		5	8

(6)

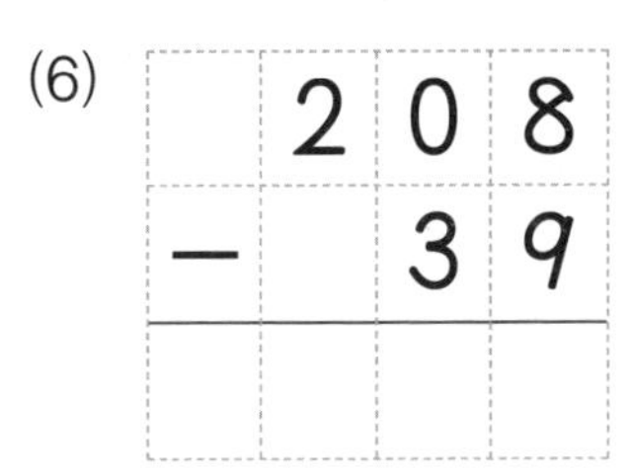

(7)

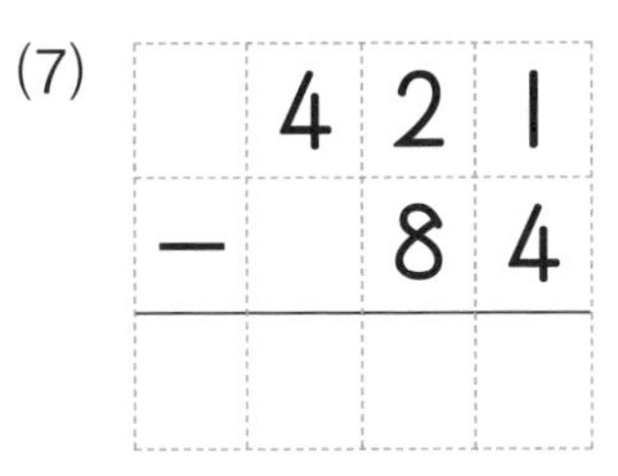

(8)

	3	2	4
−		7	5

(9)

	3	5	0
−		8	4

(10)

	4	1	3
−		4	7

(11)

	4	0	4
−		5	4

(12)

	2	3	5
−		5	9

(13)

	6	3	4
−		6	8

(14)

	5	2	2
−		7	3

(15)

	5	4	2
−		8	8

(16)

	8	4	6
−		7	8

● 뺄셈을 하세요.

(1)

	3	1	5
−		4	7

(5)

	4	0	5
−		3	7

(2)

	2	3	1
−		3	3

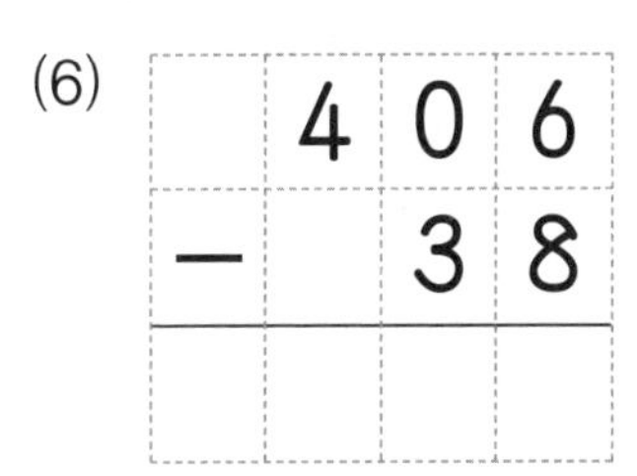

(6)

	4	0	6
−		3	8

(3)

	2	4	0
−		5	6

(7)

	2	4	5
−		6	7

(4)

	3	7	0
−		8	0

(8)

	3	5	2
−		6	4

(9)

	2	6	4
−		7	6

(10)

	3	5	3
−		7	5

(11)

	4	3	5
−		2	6

(12)

	4	5	6
−		9	9

(13)

	3	7	4
−		8	9

(14)

	5	6	2
−		8	7

(15)

	7	8	0
−		9	4

(16)

	9	9	1
−		9	2

● 뺄셈을 하세요.

(1)

	3	1	2
−		1	8

(2)

	2	5	0
−		2	4

(3)

	4	2	2
−		7	9

(4)

	1	0	4
−		3	5

(5)

	4	4	0
−		5	6

(6)

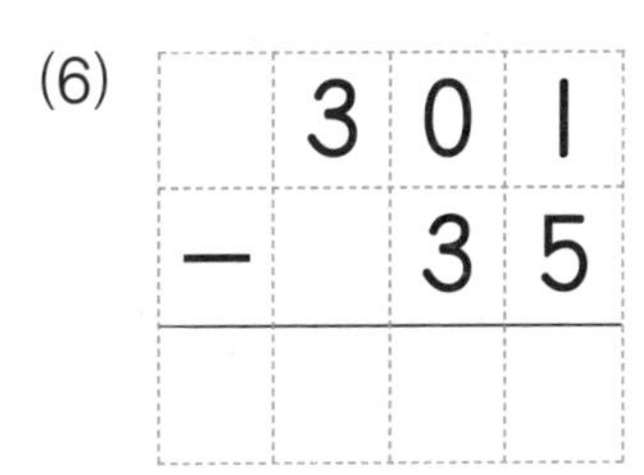

	3	0	1
−		3	5

(7)

	3	1	5
−		4	7

(8)

	4	1	4
−		8	5

(9)

	5	2	3
−		4	5

(10)

	3	7	0
−		8	3

(11)

	5	3	3
−		5	4

(12)

	7	0	4
−		3	4

(13)

	4	2	7
−		5	8

(14)

	4	4	2
−		6	6

(15)

	5	3	4
−		8	6

(16)

	8	4	3
−		7	8

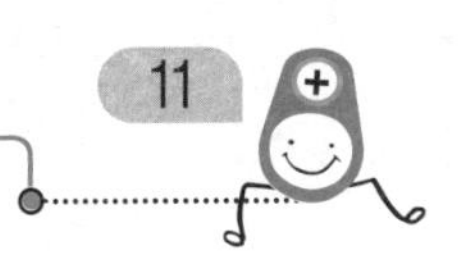

MD04 받아내림이 있는 (세 자리 수)-(두 자리 수) (4)

● 뺄셈을 하세요.

(1)

	3	2	0
−		3	4

(2)

	1	2	4
−		9	5

(3)

	2	0	5
−		7	5

(4)

	3	3	0
−		6	4

(5)

	3	0	4
−		5	7

(6)

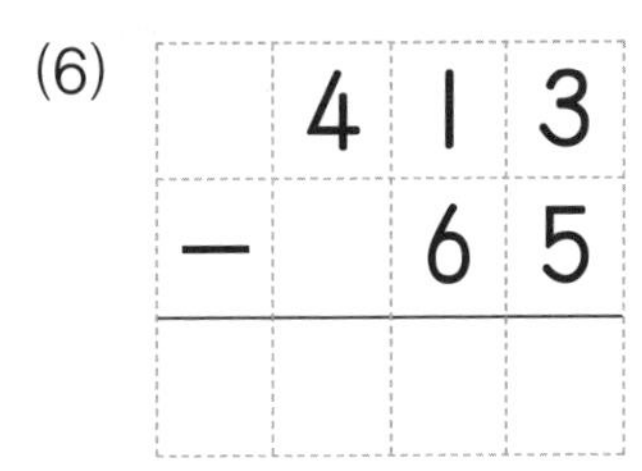

	4	1	3
−		6	5

(7)

	4	5	2
−		7	9

(8)

	5	4	4
−		4	8

(9)

	6	5	1
−		4	3

(10)

	5	5	3
−		6	7

(11)

	3	6	5
−		8	7

(12)

	4	7	3
−		9	9

(13)

	6	6	2
−		7	4

(14)

	6	5	4
−		8	5

(15)

	7	9	2
−		9	7

(16)

	9	8	4
−		8	6

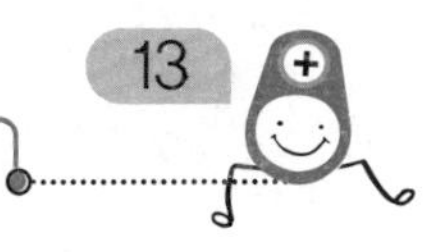

● 뺄셈을 하세요.

(1)

	1	2	5
−		4	6

(2)

	3	4	0
−		5	3

(3)

	3	6	0
−		4	1

(4)

	3	0	2
−		4	3

(5)

	4	1	3
−		5	8

(6)

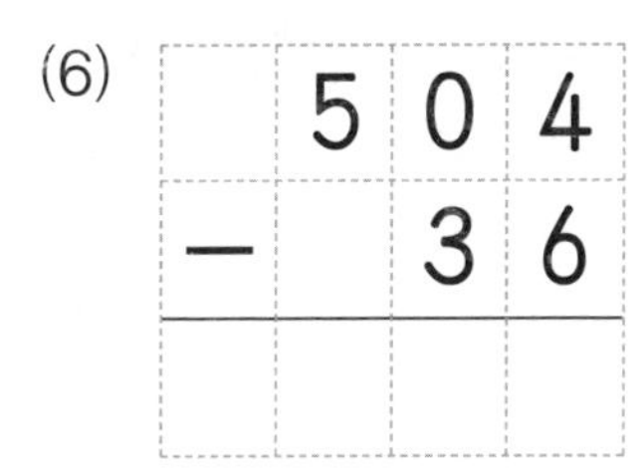

	5	0	4
−		3	6

(7)

	5	1	7
−		2	8

(8)

	4	2	1
−		6	9

(9)

	3	3	0
−		4	2

(10)

	7	2	8
−		7	9

(11)

	4	0	6
−		3	7

(12)

	5	2	6
−		2	9

(13)

	5	3	3
−		5	6

(14)

	6	4	5
−		5	8

(15)

	6	4	7
−		8	9

(16)

	8	3	7
−		4	8

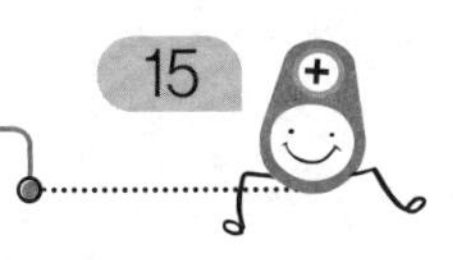

● 뺄셈을 하세요.

(1)

	4	1	2
−		7	5

(5)

	4	4	5
−		3	8

(2)

	3	4	0
−		6	3

(6)

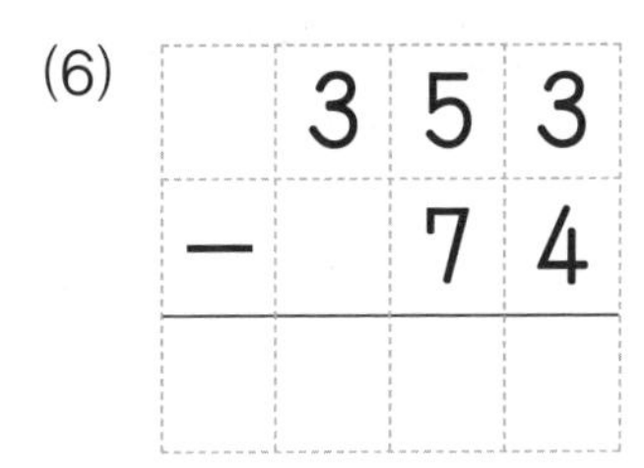

	3	5	3
−		7	4

(3)

	4	6	0
−		8	5

(7)

	3	0	5
−		4	6

(4)

	5	3	2
−		9	4

(8)

	6	6	1
−		7	6

(9)

	6	5	1
−		7	3

(10)

	3	7	0
−		7	1

(11)

	4	0	3
−		3	5

(12)

	4	5	5
−		7	8

(13)

	7	6	4
−		8	7

(14)

	5	4	4
−		8	9

(15)

	9	6	4
−		8	5

(16)

	6	8	5
−		9	7

MD04 받아내림이 있는 (세 자리 수)-(두 자리 수) (4)

● 뺄셈을 하세요.

(1)

	3	1	0
−		4	5

(2)

	2	1	2
−		6	2

(3)

	1	0	3
−		5	7

(4)

	4	2	0
−		8	4

(5)

	4	1	7
−		5	8

(6)

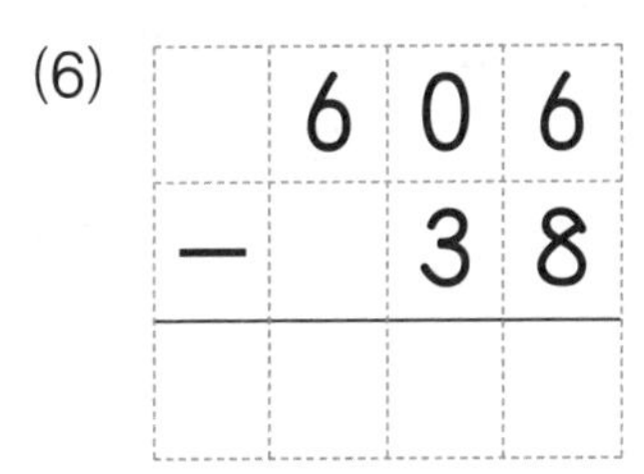

(7)

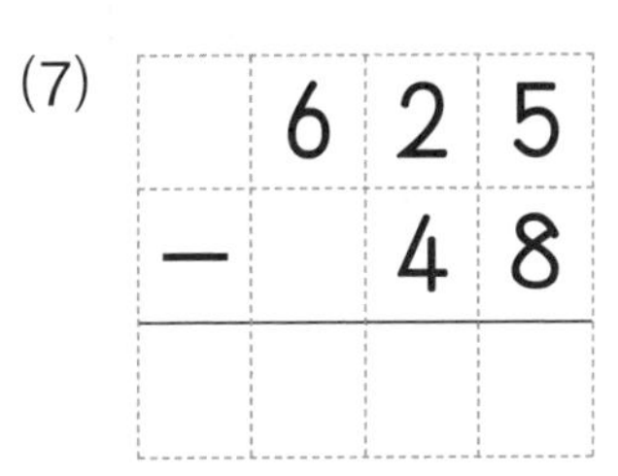

(8)

	5	1	4
−		5	9

(9)

	3	3	4
−		5	8

(10)

	3	1	8
−		4	8

(11)

	5	2	0
−		5	3

(12)

	5	0	3
−		6	8

(13)

	4	3	2
−		5	5

(14)

	9	4	1
−		7	3

(15)

	8	4	4
−		8	9

(16)

	6	3	5
−		8	6

MD04 받아내림이 있는 (세 자리 수)−(두 자리 수) (4)

● 뺄셈을 하세요.

(1)
$$\begin{array}{r} 313 \\ -\ \ 47 \\ \hline \end{array}$$

(5)
$$\begin{array}{r} 407 \\ -\ \ 38 \\ \hline \end{array}$$

(2)
$$\begin{array}{r} 140 \\ -\ \ 65 \\ \hline \end{array}$$

(6)
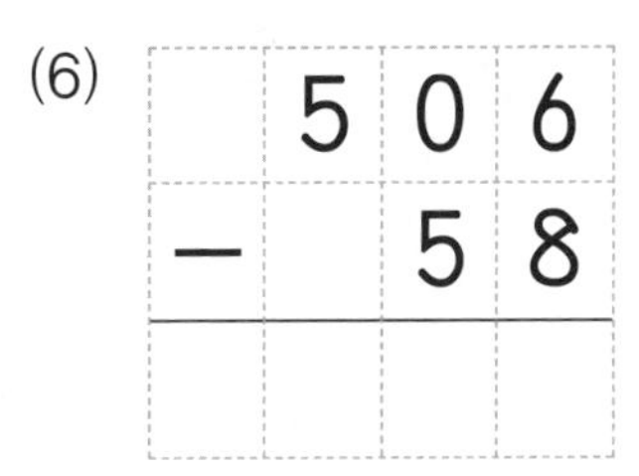
$$\begin{array}{r} 506 \\ -\ \ 58 \\ \hline \end{array}$$

(3)
$$\begin{array}{r} 534 \\ -\ \ 72 \\ \hline \end{array}$$

(7)
$$\begin{array}{r} 642 \\ -\ \ 94 \\ \hline \end{array}$$

(4)
$$\begin{array}{r} 510 \\ -\ \ 45 \\ \hline \end{array}$$

(8)
$$\begin{array}{r} 455 \\ -\ \ 78 \\ \hline \end{array}$$

(9)

	6	5	4
−		8	8

(10)

	5	3	0
−		7	5

(11)

	5	6	5
−		9	6

(12)

	4	6	3
−		8	9

(13)

	6	5	2
−		7	3

(14)

	7	4	1
−		5	5

(15)

	7	9	4
−		9	6

(16)

	9	7	5
−		7	9

● 뺄셈을 하세요.

(1)

	2	0	2
−		4	5

(5)

	4	2	0
−		3	8

(2)

	3	1	0
−		5	3

(6)

	5	1	2
−		6	5

(3)

	5	0	2
−		2	3

(7)

	5	1	1
−		5	4

(4)

	4	1	3
−		6	7

(8)

	6	2	6
−		3	9

(9)

	6	4	3
−		7	4

(10)

	4	3	0
−		7	2

(11)

	4	1	5
−		1	8

(12)

	5	2	1
−		2	7

(13)

	7	4	2
−		3	5

(14)

	9	3	2
−		6	8

(15)

	7	3	1
−		5	4

(16)

	8	5	4
−		8	7

MD04 받아내림이 있는 (세 자리 수)−(두 자리 수) (4)

● 뺄셈을 하세요.

(1)

	3	4	0
−		3	1

(2)

	4	1	6
−		7	7

(3)

	5	2	0
−		6	3

(4)

	4	0	6
−		6	7

(5)

	6	3	4
−		5	8

(6)

	6	0	4
−		9	5

(7)

	4	5	3
−		7	6

(8)

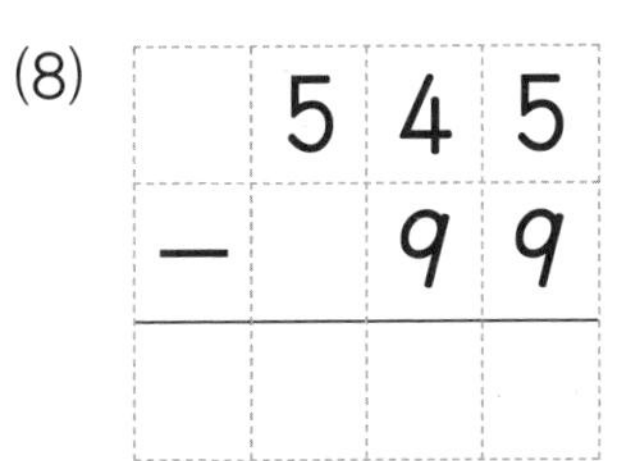

(9)

	6	4	3
−		7	8

(10)

	4	5	6
−		8	9

(11)

	5	5	2
−		7	5

(12)

	7	0	4
−		5	7

(13)

	9	6	6
−		8	7

(14)

	8	9	4
−		9	5

(15)

	7	8	4
−		8	6

(16)

	7	7	5
−		9	7

● 뺄셈을 하세요.

(1)

	4	5	0
−		7	2

(2)

	1	2	3
−		6	5

(3)

	4	4	0
−		8	5

(4)

	3	1	1
−		8	5

(5)

	5	1	3
−		3	8

(6)

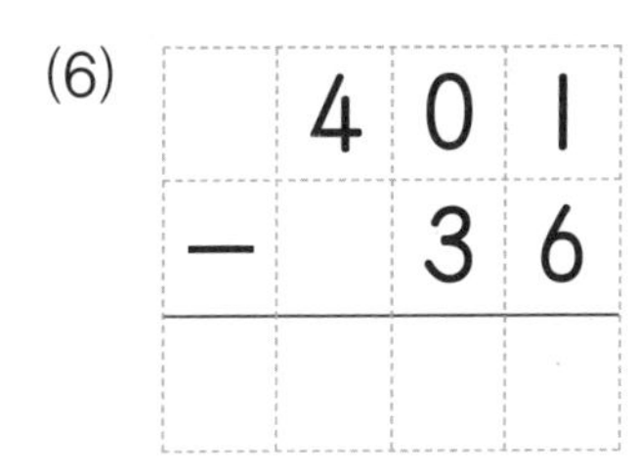

	4	0	1
−		3	6

(7)

	5	0	7
−		2	8

(8)

	6	2	5
−		4	9

(9)

	5	2	6
−		8	5

(10)

	4	1	4
−		5	7

(11)

	9	0	3
−		2	7

(12)

	7	3	4
−		7	9

(13)

	7	4	4
−		4	9

(14)

	8	3	0
−		6	1

(15)

	7	5	4
−		9	5

(16)

	6	4	6
−		4	8

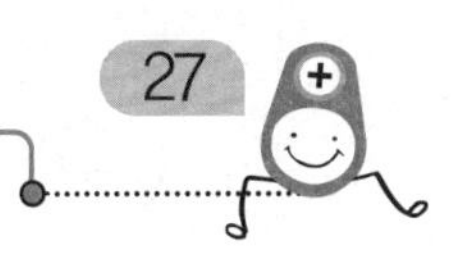

● 뺄셈을 하세요.

(1)

	4	0	0
−			3

(5)

	6	0	2
−		3	8

(2)

	3	0	0
−			7

(6)

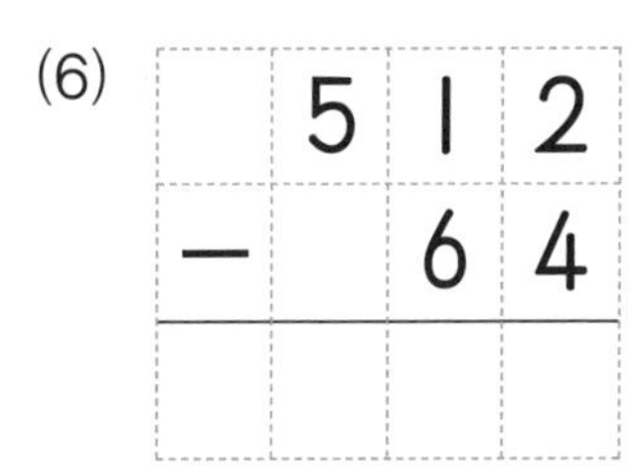

	5	1	2
−		6	4

(3)

	6	0	4
−		2	5

(7)

	7	4	3
−		7	6

(4)

	5	2	1
−		1	5

(8)

	6	6	5
−		8	9

(9)

	6	4	5
−		4	7

(10)

	7	5	6
−		7	9

(11)

	7	6	4
−		8	5

(12)

	9	5	3
−		7	8

(13)

	5	5	4
−		6	5

(14)

	9	7	6
−		8	9

(15)

	8	6	2
−		7	6

(16)

	7	8	1
−		8	3

● 뺄셈을 하세요.

(1)

	3	0	0
−			5

(2)

	1	0	4
−			6

(3)

	5	1	6
−		8	5

(4)

	6	1	0
−		8	4

(5)

	6	1	4
−		7	8

(6)

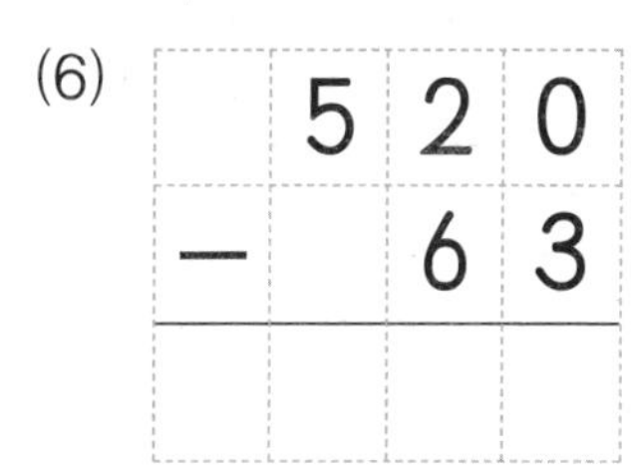

	5	2	0
−		6	3

(7)

	5	2	3
−		9	7

(8)

	7	1	2
−		3	4

(9)

	7	3	4
−		8	7

(10)

	6	4	8
−		3	9

(11)

	7	4	3
−		4	5

(12)

	5	1	5
−		5	9

(13)

	9	2	4
−		7	5

(14)

	8	3	5
−		6	8

(15)

	9	3	3
−		7	8

(16)

	8	4	7
−		9	8

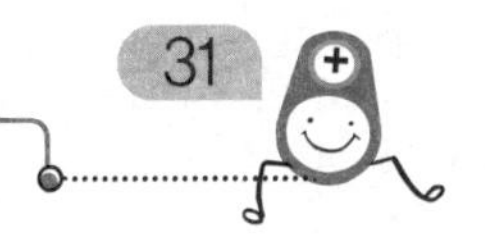

● 뺄셈을 하세요.

(1)

	5	0	3
−			7

(2)

	6	0	4
−			8

(3)

	7	0	5
−		4	7

(4)

	5	1	4
−		8	4

(5)

	6	2	3
−		5	7

(6)

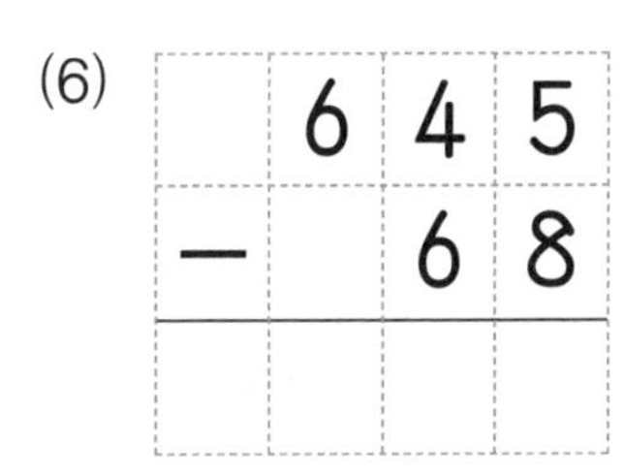

	6	4	5
−		6	8

(7)

	5	4	0
−		7	6

(8)

	8	5	4
−		6	5

(9)

	8	4	2
−		5	6

(10)

	5	5	0
−		7	5

(11)

	9	6	4
−		7	9

(12)

	7	6	2
−		7	8

(13)

	6	9	5
−		9	8

(14)

	9	8	4
−		9	6

(15)

	8	7	3
−		8	9

(16)

	9	6	1
−		8	4

● 뺄셈을 하세요.

(1)

	1	0	0
−			8

(2)

	3	0	1
−			4

(3)

	2	0	3
−		3	7

(4)

	4	0	5
−		6	4

(5)

	2	4	0
−		7	3

(6)

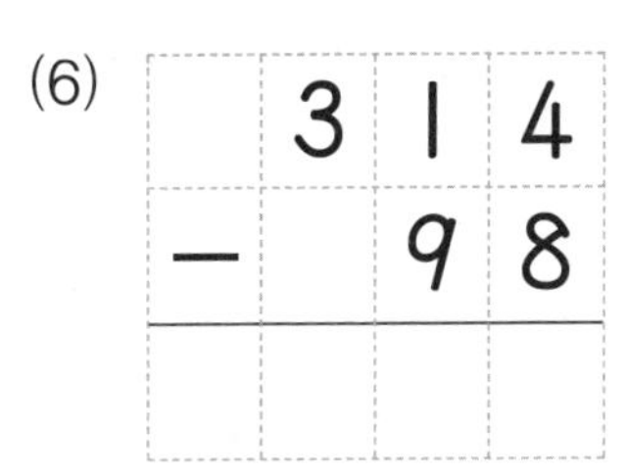

	3	1	4
−		9	8

(7)

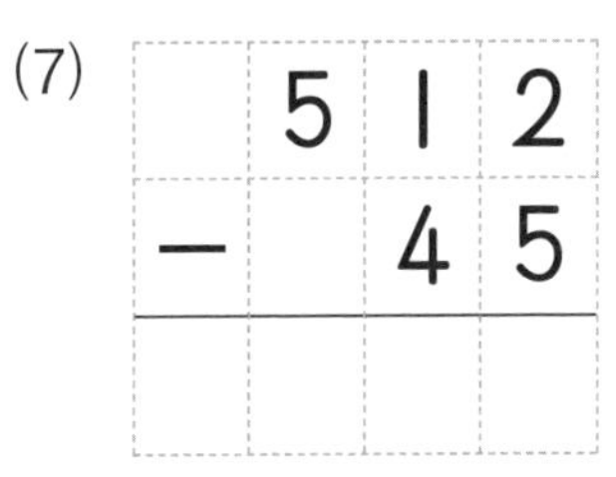

	5	1	2
−		4	5

(8)

	6	2	1
−		5	8

(9) $204 - 86$

(10) $323 - 70$

(11) $116 - 28$

(12) $534 - 59$

(13) $746 - 67$

(14) $852 - 75$

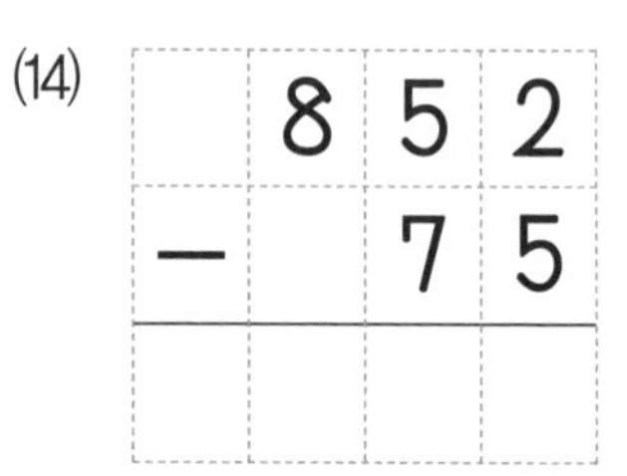

(15) $937 - 49$

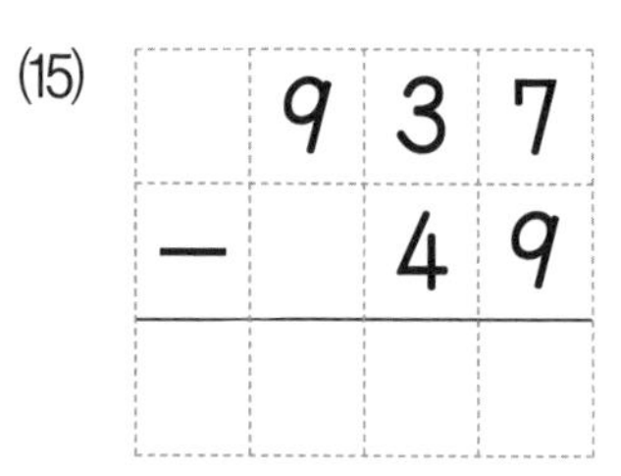

(16) $646 - 97$

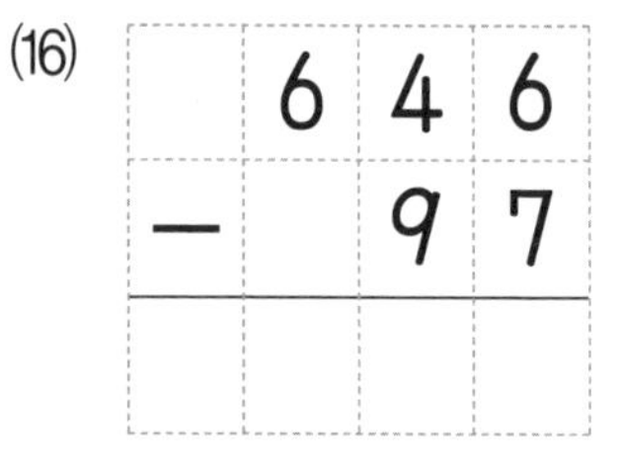

● 뺄셈을 하세요.

(1)

	4	0	0
−		5	6

(2)

	1	0	0
−		7	5

(3)

	3	2	0
−		5	3

(4)

	5	0	1
−		3	4

(5)

	2	1	6
−		4	8

(6)

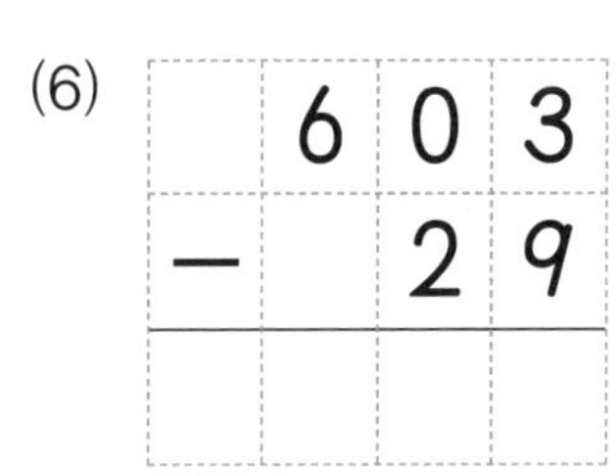

	6	0	3
−		2	9

(7)

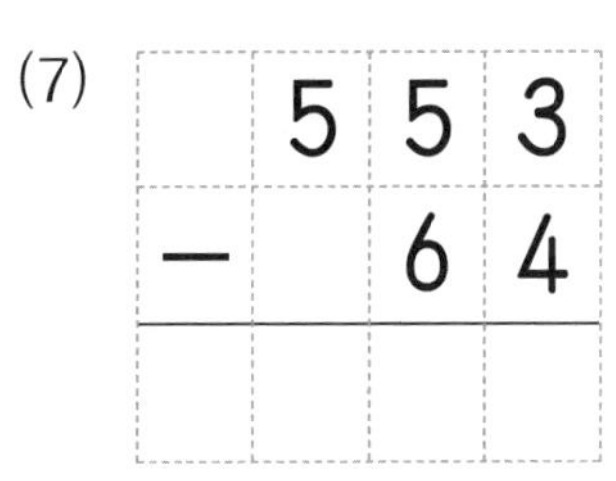

	5	5	3
−		6	4

(8)

	7	4	2
−		5	7

(9)

	2	5	6
−		5	9

(10)

	4	6	3
−		8	5

(11)

	5	7	4
−		8	6

(12)

	8	3	1
−		7	0

(13)

	6	8	4
−		9	5

(14)

	8	6	5
−		8	9

(15)

	9	5	6
−		6	7

(16)

	7	6	4
−		6	7

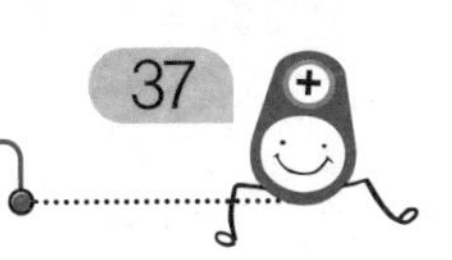

MD04 받아내림이 있는 (세 자리 수) − (두 자리 수) (4)

● |보기|와 같이 틀린 답을 바르게 고치세요.

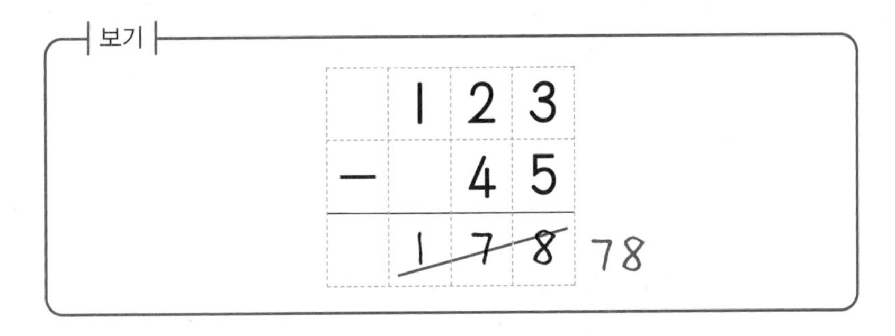

┤보기├

$$
\begin{array}{r}
1\ 2\ 3 \\
-\ \ 4\ 5 \\
\hline
1\ \cancel{7}\ \cancel{8}\ \ \ 78
\end{array}
$$

(1)
$$
\begin{array}{r}
2\ 3\ 0 \\
-\ \ 8\ 0 \\
\hline
2\ 5\ 0
\end{array}
$$

(3)

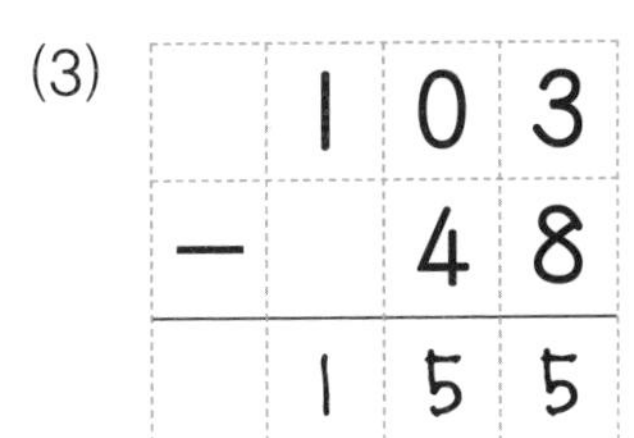

$$
\begin{array}{r}
1\ 0\ 3 \\
-\ \ 4\ 8 \\
\hline
1\ 5\ 5
\end{array}
$$

(2)
$$
\begin{array}{r}
3\ 1\ 4 \\
-\ \ 6\ 7 \\
\hline
3\ 4\ 7
\end{array}
$$

(4)
$$
\begin{array}{r}
4\ 3\ 2 \\
-\ \ 7\ 5 \\
\hline
4\ 5\ 7
\end{array}
$$

Talk 받아내림이 있는 뺄셈을 세로셈으로 계산할 때 받아내림한 수 1을 빼 주어야 함을 잊지 않도록 주의합니다.

(5)

	1	5	3
−		9	6
	1	5	7

(6)

	3	4	0
−		5	2
	3	8	8

(7)

	4	6	4
−		8	5
	3	8	9

(8)

	6	0	4
−		3	7
	5	7	7

(9)

	5	4	3
−		7	4
	4	7	9

(10)

	7	6	5
−		9	8
	6	7	7

(11)

	2	7	1
−		8	2
	2	8	9

(12)

	8	5	2
−		6	8
	8	8	4

● 틀린 답을 바르게 고치세요.

(1)
$$\begin{array}{r} 140 \\ -\ \ 79 \\ \hline 171 \end{array}$$

(2)
$$\begin{array}{r} 321 \\ -\ \ 58 \\ \hline 373 \end{array}$$

(3)
$$\begin{array}{r} 205 \\ -\ \ 37 \\ \hline 278 \end{array}$$

(4)
$$\begin{array}{r} 443 \\ -\ \ 36 \\ \hline 417 \end{array}$$

(5)
$$\begin{array}{r} 210 \\ -\ \ 23 \\ \hline 287 \end{array}$$

(6)
$$\begin{array}{r} 435 \\ -\ \ 16 \\ \hline 429 \end{array}$$

(7)
$$\begin{array}{r} 301 \\ -\ \ 99 \\ \hline 312 \end{array}$$

(8)
$$\begin{array}{r} 723 \\ -\ \ 54 \\ \hline 779 \end{array}$$

(9)

	5	4	6
−		7	8
	5	7	8

(10)

	6	5	2
−		7	9
	6	8	3

(11)

	9	6	7
−		8	9
	9	8	8

(12)

	8	4	5
−		5	7
	8	9	8

(13)

	2	4	3
−		5	6
	2	9	7

(14)

	3	2	1
−		8	4
	3	4	7

(15)

	5	3	4
−		9	8
	5	4	6

(16)

	7	5	6
−		6	9
	7	9	7

학교 연산 대비하자

연산 UP

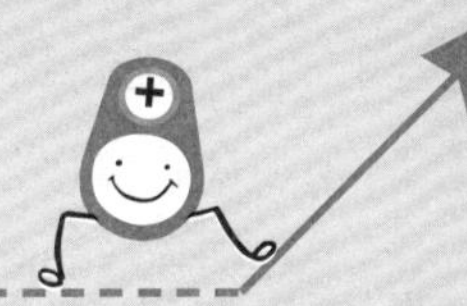

MD

연산 UP 1

● 뺄셈을 하시오.

(1)
$$\begin{array}{r} 152 \\ -\ 36 \\ \hline \end{array}$$

(2)
$$\begin{array}{r} 237 \\ -\ 54 \\ \hline \end{array}$$

(3)
$$\begin{array}{r} 534 \\ -\ 16 \\ \hline \end{array}$$

(4)
$$\begin{array}{r} 805 \\ -\ 72 \\ \hline \end{array}$$

(5)
$$\begin{array}{r} 349 \\ -\ 97 \\ \hline \end{array}$$

(6)

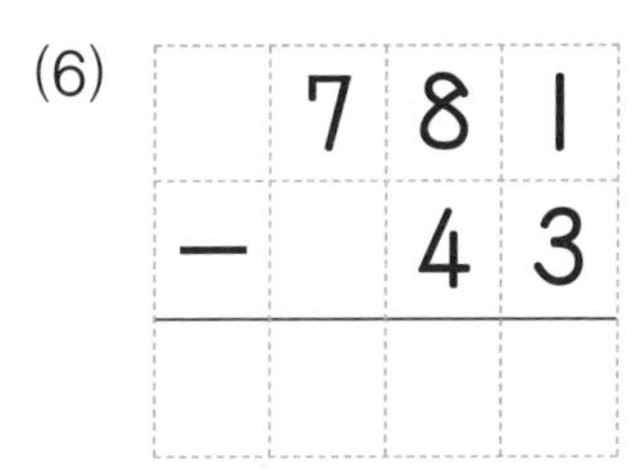

$$\begin{array}{r} 781 \\ -\ 43 \\ \hline \end{array}$$

(7)
$$\begin{array}{r} 466 \\ -\ 73 \\ \hline \end{array}$$

(8)
$$\begin{array}{r} 863 \\ -\ 58 \\ \hline \end{array}$$

(9)

	4	3	5
−		6	4

(10)

	1	8	7
−		3	9

(11)

	3	2	6
−		4	1

(12)

	6	9	5
−		5	8

(13)

	2	1	9
−		4	3

(14)

	4	6	5
−		2	7

(15)

	8	3	7
−		8	4

(16)

	9	2	0
−		1	4

연산 UP

3

● 뺄셈을 하시오.

(1)

	2	5	6
−		9	2

(2)

	6	7	1
−		3	4

(3)

	5	2	8
−		7	6

(4)

	3	4	5
−		2	8

(5)

	9	6	3
−		2	9

(6)

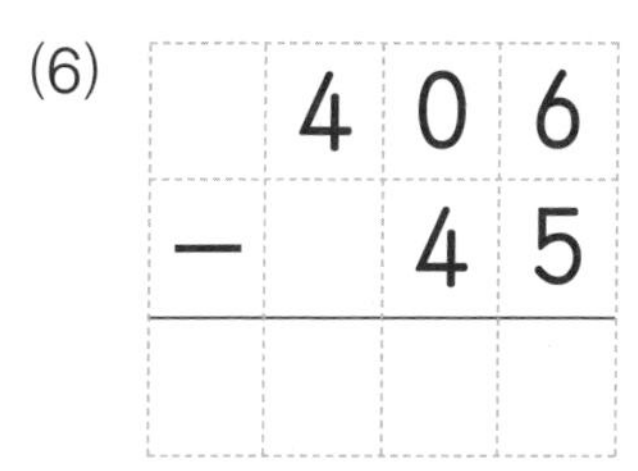

	4	0	6
−		4	5

(7)

	7	3	4
−		1	7

(8)

	8	1	7
−		6	5

(9)

	4	5	8
−		1	9

(10)

	6	2	5
−		7	2

(11)

	2	0	4
−		3	3

(12)

	5	7	1
−		2	4

(13)

	8	3	7
−		5	4

(14)

	3	9	5
−		4	8

(15)

	7	4	3
−		5	1

(16)

	9	3	2
−		2	8

MD

연산 UP 5

● 뺄셈을 하시오.

(1)

	2	3	0
−		6	1

(2)

	5	1	6
−		2	8

(3)

	4	7	2
−		7	5

(4)

	6	5	3
−		9	8

(5)

	3	0	0
−		1	2

(6)

	8	2	4
−		3	5

(7)

	9	0	3
−		4	6

(8)

	7	3	8
−		3	9

(9)

	4	2	3
−		5	7

(10)

	5	0	0
−		1	9

(11)

	2	6	4
−		8	8

(12)

	8	1	6
−		4	9

(13)

	6	4	0
−		4	3

(14)

	3	6	5
−		7	6

(15)

	9	4	2
−		4	9

(16)

	8	0	4
−		5	8

연산 UP

● 빈 곳에 알맞은 수를 써넣으시오.

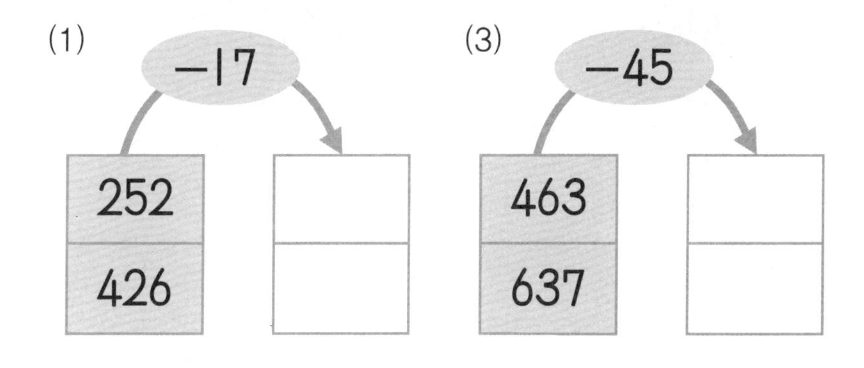

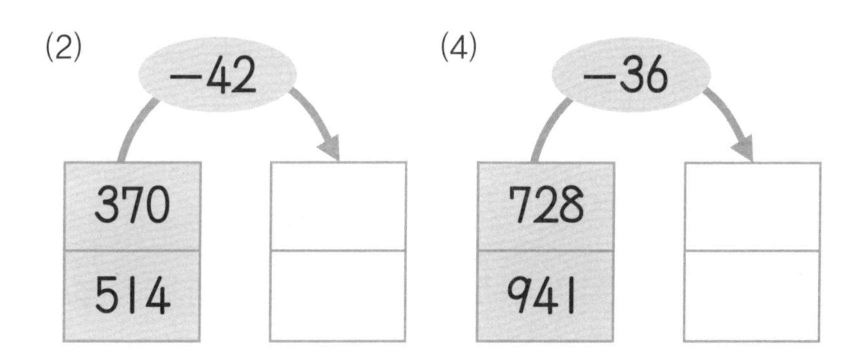

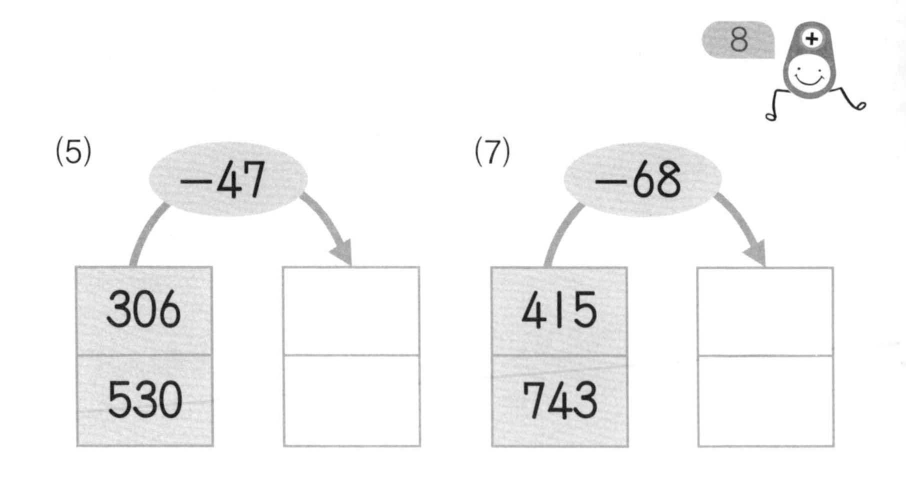
8
(5)
−47
306
530
(7)
−68
415
743

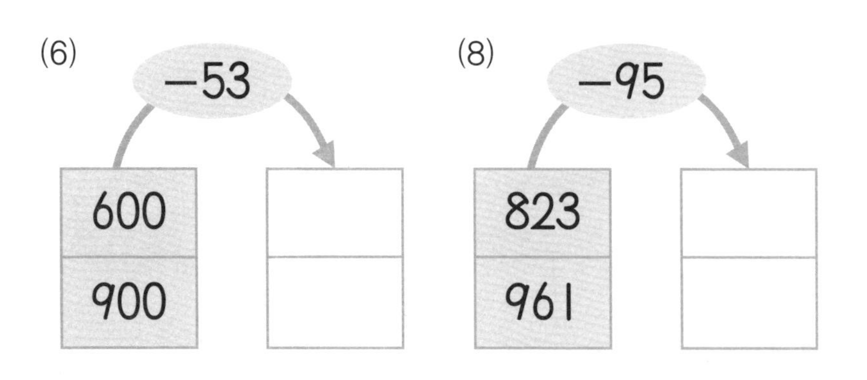
(6)
−53
600
900
(8)
−95
823
961

연산 UP

9

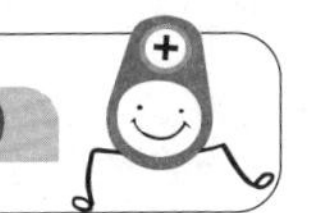

● 빈칸에 알맞은 수를 써넣으시오.

(1)

−	27	45
154		
492		

(3)

−	54	86
317		
536		

(2)

−	62	96
246		
357		

(4)

−	16	38
670		
745		

(5)

−	18	82
245		
572		

(7)

−	49	93
486		
758		

(6)

−	34	76
308		
826		

(8)

−	25	69
754		
960		

● 빈칸에 알맞은 수를 써넣으시오.

(1)

−	14	57
260		
403		

(3)

−	26	53
400		
600		

(2)

−	42	63
305		
740		

(4)

−	35	81
500		
800		

(5)

−	14	53
100		
542		

(6)

−	68	95
263		
612		

(7)

−	56	75
324		
753		

(8)

−	47	88
816		
932		

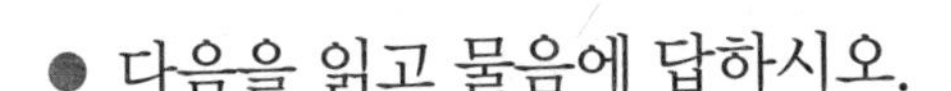
● 다음을 읽고 물음에 답하시오.

(1) 비행기에 탄 남자 어린이는 118명, 여자 어린이는 64명입니다. 비행기에 탄 남자 어린이는 여자 어린이보다 몇 명 더 많습니까?

( )

(2) 태현이네 농장에서 기르는 돼지 154마리 중 73마리를 시장에 내다 팔았습니다. 태현이네 농장에 남아 있는 돼지는 몇 마리입니까?

( )

(3) 유리네 학교 3학년 학생은 249명이고, 민서네 학교 3학년 학생은 유리네 학교 3학년 학생보다 76명 적습니다. 민서네 학교 3학년 학생은 몇 명입니까?

( )

(4) 장미꽃이 140송이, 백합이 29송이 있습니다. 장미꽃은 백합보다 몇 송이 더 많습니까?

( )

(5) 도훈이는 162쪽짜리 과학책을 읽고 있습니다. 오늘 37쪽을 읽었다면, 앞으로 더 읽어야 할 과학책은 몇 쪽입니까?

( )

(6) 성훈이네 학교 학생은 560명입니다. 지난달에 14명이 전학을 갔다면, 성훈이네 학교 학생은 몇 명입니까?

( )

● 다음을 읽고 물음에 답하시오.

(1) 수영장에 어른이 130명, 어린이가 85명 있습니다. 수영장에 있는 어른은 어린이보다 몇 명 더 많습니까?

( )

(2) 길이가 225 cm인 색 테이프 중 67 cm를 선물을 포장하는 데 사용하였습니다. 남아 있는 색 테이프는 몇 cm입니까?

( )

(3) 현수는 우표를 142장 모았고, 민수는 현수보다 48장 적게 모았습니다. 민수가 모은 우표는 몇 장입니까?

( )

(4) 과일 가게에 사과와 배가 모두 312상자 있습니다. 이 중에서 사과가 84상자라면 배는 몇 상자입니까?

( )

(5) 색종이가 200장 있습니다. 그중에서 51장을 미술 시간에 사용했다면 남아 있는 색종이는 몇 장입니까?

( )

(6) 어느 피자 가게에 오늘 하루 방문한 손님은 어른이 352명, 어린이가 95명입니다. 이 피자 가게에 오늘 하루 방문한 어른은 어린이보다 몇 명 더 많습니까?

( )

정 답

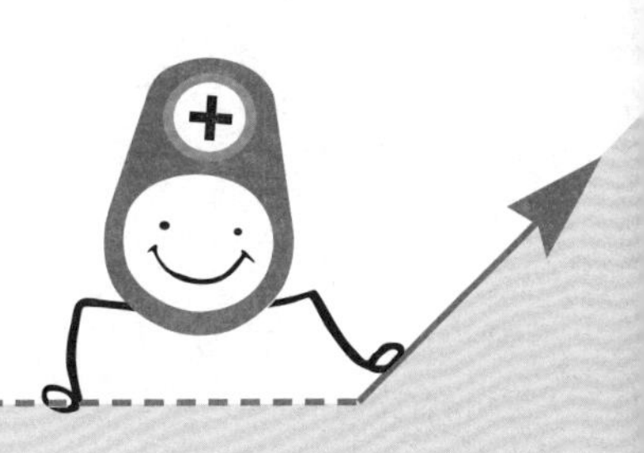

MD01

1	2	3	4	5	6	7	8
1) 5 2) 19 3) 28 4) 16 5) 26 6) 28 7) 17 8) 73	(9) 6 (10) 16 (11) 15 (12) 47 (13) 19 (14) 25 (15) 18 (16) 29	(1) 1, 10, 106 (2) 114 (3) 128 (4) 130 (5) 127 (6) 125 (7) 149 (8) 135	(9) 112 (10) 127 (11) 111 (12) 138 (13) 228 (14) 208 (15) 237 (16) 209	(1) 2, 10, 216 (2) 236 (3) 127 (4) 224 (5) 218 (6) 259 (7) 236 (8) 258	(9) 309 (10) 224 (11) 309 (12) 317 (13) 311 (14) 339 (15) 355 (16) 329	(1) 4, 10, 319 (2) 326 (3) 309 (4) 334 (5) 436 (6) 428 (7) 417 (8) 408	(9) 408 (10) 318 (11) 433 (12) 432 (13) 409 (14) 415 (15) 465 (16) 425

MD01

9	10	11	12	13	14	15	16
1) 129 2) 224 3) 116 4) 207 5) 218 6) 131 7) 127 8) 239	(9) 306 (10) 412 (11) 328 (12) 419 (13) 129 (14) 417 (15) 328 (16) 417	(1) 4, 10, 125 (2) 229 (3) 307 (4) 408 (5) 225 (6) 128 (7) 427 (8) 337	(9) 323 (10) 203 (11) 109 (12) 416 (13) 448 (14) 118 (15) 327 (16) 219	(1) 506 (2) 329 (3) 522 (4) 519 (5) 517 (6) 516 (7) 426 (8) 514	(9) 615 (10) 633 (11) 415 (12) 649 (13) 553 (14) 619 (15) 637 (16) 626	(1) 727 (2) 509 (3) 724 (4) 718 (5) 709 (6) 722 (7) 618 (8) 717	(9) 828 (10) 707 (11) 805 (12) 817 (13) 927 (14) 918 (15) 846 (16) 916

MD01

17	18	19	20	21	22	23	24
(1) 139	(9) 228	(1) 0, 10, 60	(9) 174	(1) 2, 10, 250	(9) 381	(1) 3, 10, 340	(9) 280
(2) 226	(10) 137	(2) 98	(10) 193	(2) 295	(10) 251	(2) 391	(10) 481
(3) 308	(11) 309	(3) 85	(11) 162	(3) 93	(11) 343	(3) 334	(11) 484
(4) 149	(12) 435	(4) 64	(12) 191	(4) 274	(12) 365	(4) 392	(12) 473
(5) 337	(13) 429	(5) 170	(13) 291	(5) 171	(13) 363	(5) 474	(13) 495
(6) 228	(14) 336	(6) 173	(14) 260	(6) 270	(14) 373	(6) 491	(14) 375
(7) 407	(15) 128	(7) 213	(15) 285	(7) 261	(15) 280	(7) 468	(15) 472
(8) 331	(16) 215	(8) 151	(16) 280	(8) 284	(16) 392	(8) 513	(16) 470

MD01

25	26	27	28	29	30	31	32
(1) 90	(9) 393	(1) 0, 10, 75	(9) 333	(1) 590	(9) 660	(1) 780	(9) 893
(2) 291	(10) 473	(2) 172	(10) 474	(2) 595	(10) 450	(2) 581	(10) 891
(3) 181	(11) 411	(3) 280	(11) 261	(3) 352	(11) 681	(3) 751	(11) 571
(4) 252	(12) 482	(4) 382	(12) 93	(4) 591	(12) 684	(4) 792	(12) 941
(5) 186	(13) 484	(5) 451	(13) 213	(5) 573	(13) 645	(5) 772	(13) 753
(6) 272	(14) 362	(6) 236	(14) 371	(6) 471	(14) 721	(6) 794	(14) 870
(7) 170	(15) 450	(7) 62	(15) 280	(7) 593	(15) 564	(7) 785	(15) 896
(8) 293	(16) 381	(8) 192	(16) 493	(8) 542	(16) 673	(8) 673	(16) 842

MD01

33	34	35	36	37	38	39	40
1) 127	(9) 323	(1) 219	(9) 107	(1) 94	(9) 392	(1) 190	(9) 84
2) 227	(10) 226	(2) 119	(10) 327	(2) 395	(10) 192	(2) 344	(10) 372
3) 421	(11) 428	(3) 412	(11) 229	(3) 261	(11) 286	(3) 293	(11) 191
4) 309	(12) 138	(4) 326	(12) 443	(4) 181	(12) 42	(4) 93	(12) 840
5) 218	(13) 403	(5) 334	(13) 419	(5) 53	(13) 481	(5) 391	(13) 331
6) 356	(14) 329	(6) 105	(14) 806	(6) 471	(14) 353	(6) 172	(14) 793
7) 139	(15) 245	(7) 751	(15) 359	(7) 211	(15) 581	(7) 672	(15) 472
8) 558	(16) 605	(8) 217	(16) 926	(8) 291	(16) 131	(8) 271	(16) 365

MD02

1	2	3	4	5	6	7	8
1) 207	(9) 326	(1) 180	(9) 40	(1) 312	(9) 315	(1) 90	(9) 411
2) 216	(10) 212	(2) 285	(10) 283	(2) 225	(10) 408	(2) 152	(10) 281
3) 333	(11) 308	(3) 162	(11) 222	(3) 313	(11) 518	(3) 202	(11) 451
4) 333	(12) 429	(4) 376	(12) 484	(4) 224	(12) 620	(4) 344	(12) 570
5) 410	(13) 649	(5) 461	(13) 384	(5) 528	(13) 444	(5) 263	(13) 483
6) 417	(14) 544	(6) 251	(14) 570	(6) 421	(14) 629	(6) 363	(14) 674
7) 536	(15) 618	(7) 513	(15) 564	(7) 536	(15) 717	(7) 234	(15) 583
8) 526	(16) 646	(8) 363	(16) 472	(8) 428	(16) 939	(8) 491	(16) 792

MD02							
9	10	11	12	13	14	15	16
(1) 124	(9) 373	(1) 207	(9) 411	(1) 206	(9) 382	(1) 411	(9) 461
(2) 331	(10) 231	(2) 410	(10) 653	(2) 110	(10) 311	(2) 224	(10) 23
(3) 226	(11) 501	(3) 513	(11) 573	(3) 446	(11) 154	(3) 315	(11) 402
(4) 325	(12) 424	(4) 313	(12) 635	(4) 343	(12) 574	(4) 315	(12) 251
(5) 410	(13) 692	(5) 525	(13) 471	(5) 415	(13) 440	(5) 554	(13) 681
(6) 337	(14) 586	(6) 333	(14) 808	(6) 323	(14) 674	(6) 314	(14) 861
(7) 405	(15) 771	(7) 408	(15) 544	(7) 544	(15) 852	(7) 445	(15) 453
(8) 527	(16) 891	(8) 338	(16) 851	(8) 637	(16) 786	(8) 524	(16) 765

MD02							
17	18	19	20	21	22	23	24
(1) 114	(9) 448	(1) 103	(9) 517	(1) 231	(9) 204	(1) 214	(9) 116
(2) 214	(10) 418	(2) 220	(10) 202	(2) 226	(10) 144	(2) 124	(10) 293
(3) 311	(11) 316	(3) 136	(11) 164	(3) 323	(11) 293	(3) 117	(11) 305
(4) 110	(12) 212	(4) 241	(12) 138	(4) 25	(12) 437	(4) 221	(12) 829
(5) 124	(13) 201	(5) 233	(13) 395	(5) 245	(13) 393	(5) 82	(13) 417
(6) 53	(14) 464	(6) 151	(14) 263	(6) 73	(14) 496	(6) 413	(14) 381
(7) 61	(15) 374	(7) 313	(15) 294	(7) 109	(15) 459	(7) 256	(15) 454
(8) 142	(16) 573	(8) 393	(16) 734	(8) 373	(16) 854	(8) 471	(16) 373

MD02

25	26	27	28	29	30	31	32
1) 118	(9) 485	(1) 216	(9) 429	(1) 319	(9) 191	(1) 316	(9) 209
2) 213	(10) 424	(2) 95	(10) 265	(2) 208	(10) 402	(2) 181	(10) 464
3) 436	(11) 229	(3) 144	(11) 525	(3) 104	(11) 264	(3) 341	(11) 615
4) 293	(12) 326	(4) 320	(12) 183	(4) 241	(12) 408	(4) 321	(12) 562
5) 413	(13) 570	(5) 334	(13) 502	(5) 327	(13) 472	(5) 213	(13) 381
6) 146	(14) 633	(6) 143	(14) 869	(6) 413	(14) 734	(6) 473	(14) 716
7) 275	(15) 664	(7) 528	(15) 651	(7) 225	(15) 896	(7) 419	(15) 526
8) 307	(16) 884	(8) 152	(16) 591	(8) 396	(16) 644	(8) 193	(16) 872

MD02

33	34	35	36	37	38	39	40
1) 110	(9) 293	(1) 165	(9) 319	(1) 107	(5) 614	(1) 393	(9) 516
2) 253	(10) 524	(2) 105	(10) 538	(2) 416	(6) 324	(2) 314	(10) 728
3) 141	(11) 656	(3) 428	(11) 576	(3) 451	(7) 464	(3) 309	(11) 594
4) 315	(12) 551	(4) 284	(12) 885	(4) 329	(8) 363	(4) 503	(12) 253
5) 428	(13) 729	(5) 393	(13) 611		(9) 592	(5) 344	(13) 413
6) 262	(14) 509	(6) 317	(14) 819		(10) 849	(6) 338	(14) 885
7) 556	(15) 885	(7) 297	(15) 617		(11) 334	(7) 508	(15) 602
8) 644	(16) 816	(8) 518	(16) 882		(12) 677	(8) 595	(16) 766

MD03

1	2	3	4	5	6	7	8
(1) 116	(9) 80	(1) 54	(9) 60	(1) 88	(9) 97	(1) 159	(9) 156
(2) 123	(10) 151	(2) 42	(10) 77	(2) 5	(10) 88	(2) 48	(10) 207
(3) 225	(11) 65	(3) 66	(11) 64	(3) 115	(11) 157	(3) 180	(11) 56
(4) 135	(12) 83	(4) 56	(12) 46	(4) 37	(12) 89	(4) 169	(12) 188
(5) 207	(13) 124	(5) 94	(13) 67	(5) 66	(13) 89	(5) 63	(13) 187
(6) 152	(14) 226	(6) 28	(14) 59	(6) 76	(14) 75	(6) 179	(14) 188
(7) 213	(15) 72	(7) 21	(15) 58	(7) 57	(15) 67	(7) 125	(15) 158
(8) 209	(16) 152	(8) 75	(16) 57	(8) 49	(16) 88	(8) 166	(16) 155

MD03

9	10	11	12	13	14	15	16
(1) 88	(9) 57	(1) 118	(9) 178	(1) 69	(9) 287	(1) 269	(9) 117
(2) 58	(10) 119	(2) 134	(10) 186	(2) 265	(10) 199	(2) 243	(10) 289
(3) 196	(11) 169	(3) 52	(11) 178	(3) 268	(11) 235	(3) 270	(11) 254
(4) 76	(12) 179	(4) 159	(12) 187	(4) 154	(12) 291	(4) 178	(12) 289
(5) 168	(13) 165	(5) 83	(13) 199	(5) 287	(13) 269	(5) 87	(13) 279
(6) 56	(14) 88	(6) 176	(14) 88	(6) 267	(14) 288	(6) 297	(14) 266
(7) 187	(15) 67	(7) 157	(15) 168	(7) 273	(15) 259	(7) 287	(15) 279
(8) 157	(16) 179	(8) 179	(16) 177	(8) 257	(16) 268	(8) 267	(16) 266

MD03

17	18	19	20	21	22	23	24
1) 140	(9) 197	(1) 58	(9) 366	(1) 81	(9) 267	(1) 64	(9) 272
2) 164	(10) 178	(2) 392	(10) 385	(2) 48	(10) 265	(2) 82	(10) 189
3) 163	(11) 249	(3) 377	(11) 195	(3) 58	(11) 342	(3) 190	(11) 67
4) 228	(12) 289	(4) 234	(12) 406	(4) 137	(12) 265	(4) 159	(12) 368
5) 256	(13) 269	(5) 385	(13) 366	(5) 146	(13) 268	(5) 88	(13) 387
6) 237	(14) 167	(6) 367	(14) 385	(6) 96	(14) 337	(6) 339	(14) 269
7) 154	(15) 279	(7) 354	(15) 377	(7) 184	(15) 347	(7) 258	(15) 378
8) 263	(16) 160	(8) 358	(16) 345	(8) 149	(16) 357	(8) 189	(16) 289

MD03

25	26	27	28	29	30	31	32
1) 92	(9) 278	(1) 479	(9) 498	(1) 568	(9) 476	(1) 687	(9) 680
2) 59	(10) 367	(2) 158	(10) 477	(2) 260	(10) 608	(2) 475	(10) 787
3) 167	(11) 277	(3) 491	(11) 276	(3) 557	(11) 589	(3) 661	(11) 785
4) 98	(12) 269	(4) 472	(12) 504	(4) 576	(12) 599	(4) 667	(12) 789
5) 149	(13) 369	(5) 476	(13) 478	(5) 389	(13) 564	(5) 685	(13) 898
6) 68	(14) 399	(6) 468	(14) 467	(6) 577	(14) 578	(6) 649	(14) 869
7) 182	(15) 273	(7) 352	(15) 467	(7) 575	(15) 563	(7) 577	(15) 888
8) 139	(16) 389	(8) 439	(16) 488	(8) 549	(16) 576	(8) 686	(16) 889

MD03

33	34	35	36	37	38	39	40
(1) 77	(9) 276	(1) 57	(9) 75	(1) 87	(9) 92	(1) 11	(9) 106
(2) 67	(10) 171	(2) 48	(10) 49	(2) 197	(10) 187	(2) 19	(10) 168
(3) 81	(11) 265	(3) 189	(11) 459	(3) 107	(11) 248	(3) 188	(11) 273
(4) 49	(12) 375	(4) 191	(12) 269	(4) 268	(12) 179	(4) 266	(12) 378
(5) 168	(13) 338	(5) 249	(13) 137	(5) 169	(13) 268	(5) 277	(13) 79
(6) 189	(14) 339	(6) 279	(14) 548	(6) 365	(14) 475	(6) 195	(14) 279
(7) 273	(15) 247	(7) 366	(15) 267	(7) 285	(15) 375	(7) 485	(15) 449
(8) 157	(16) 388	(8) 377	(16) 386	(8) 377	(16) 786	(8) 353	(16) 688

MD04

1	2	3	4	5	6	7	8
(1) 67	(9) 67	(1) 64	(9) 387	(1) 156	(9) 266	(1) 268	(9) 188
(2) 59	(10) 279	(2) 178	(10) 199	(2) 30	(10) 366	(2) 198	(10) 278
(3) 184	(11) 208	(3) 372	(11) 306	(3) 187	(11) 350	(3) 184	(11) 409
(4) 79	(12) 182	(4) 357	(12) 287	(4) 279	(12) 176	(4) 290	(12) 357
(5) 181	(13) 367	(5) 257	(13) 488	(5) 357	(13) 566	(5) 368	(13) 285
(6) 169	(14) 276	(6) 278	(14) 479	(6) 169	(14) 449	(6) 368	(14) 475
(7) 258	(15) 389	(7) 178	(15) 587	(7) 337	(15) 454	(7) 178	(15) 686
(8) 376	(16) 487	(8) 147	(16) 689	(8) 249	(16) 768	(8) 288	(16) 899

MD04

9	10	11	12	13	14	15	16
) 294	(9) 478	(1) 286	(9) 608	(1) 79	(9) 288	(1) 337	(9) 578
) 226	(10) 287	(2) 29	(10) 486	(2) 287	(10) 649	(2) 277	(10) 299
) 343	(11) 479	(3) 130	(11) 278	(3) 319	(11) 369	(3) 375	(11) 368
) 69	(12) 670	(4) 266	(12) 374	(4) 259	(12) 497	(4) 438	(12) 377
) 384	(13) 369	(5) 247	(13) 588	(5) 355	(13) 477	(5) 407	(13) 677
) 266	(14) 376	(6) 348	(14) 569	(6) 468	(14) 587	(6) 279	(14) 455
) 268	(15) 448	(7) 373	(15) 695	(7) 489	(15) 558	(7) 259	(15) 879
) 329	(16) 765	(8) 496	(16) 898	(8) 352	(16) 789	(8) 585	(16) 588

MD04

17	18	19	20	21	22	23	24
) 265	(9) 276	(1) 266	(9) 566	(1) 157	(9) 569	(1) 309	(9) 565
) 150	(10) 270	(2) 75	(10) 455	(2) 257	(10) 358	(2) 339	(10) 367
) 46	(11) 467	(3) 462	(11) 469	(3) 479	(11) 397	(3) 457	(11) 477
) 336	(12) 435	(4) 465	(12) 374	(4) 346	(12) 494	(4) 339	(12) 647
) 359	(13) 377	(5) 369	(13) 579	(5) 382	(13) 707	(5) 576	(13) 879
) 568	(14) 868	(6) 448	(14) 686	(6) 447	(14) 864	(6) 509	(14) 799
) 577	(15) 755	(7) 548	(15) 698	(7) 457	(15) 677	(7) 377	(15) 698
) 455	(16) 549	(8) 377	(16) 896	(8) 587	(16) 767	(8) 446	(16) 678

MD04							
25	26	27	28	29	30	31	32
(1) 378	(9) 441	(1) 397	(9) 598	(1) 295	(9) 647	(1) 496	(9) 786
(2) 58	(10) 357	(2) 293	(10) 677	(2) 98	(10) 609	(2) 596	(10) 475
(3) 355	(11) 876	(3) 579	(11) 679	(3) 431	(11) 698	(3) 658	(11) 885
(4) 226	(12) 655	(4) 506	(12) 875	(4) 526	(12) 456	(4) 430	(12) 684
(5) 475	(13) 695	(5) 564	(13) 489	(5) 536	(13) 849	(5) 566	(13) 597
(6) 365	(14) 769	(6) 448	(14) 887	(6) 457	(14) 767	(6) 577	(14) 888
(7) 479	(15) 659	(7) 667	(15) 786	(7) 426	(15) 855	(7) 464	(15) 784
(8) 576	(16) 598	(8) 576	(16) 698	(8) 678	(16) 749	(8) 789	(16) 877

MD04							
33	34	35	36	37	38	39	40
(1) 92	(9) 118	(1) 344	(9) 197	(1) 150	(5) 57	(1) 61	(9) 468
(2) 297	(10) 253	(2) 25	(10) 378	(2) 247	(6) 288	(2) 263	(10) 573
(3) 166	(11) 88	(3) 267	(11) 488	(3) 55	(7) 379	(3) 168	(11) 878
(4) 341	(12) 475	(4) 467	(12) 761	(4) 357	(8) 567	(4) 407	(12) 788
(5) 167	(13) 679	(5) 168	(13) 589		(9) 469	(5) 187	(13) 187
(6) 216	(14) 777	(6) 574	(14) 776		(10) 667	(6) 419	(14) 237
(7) 467	(15) 888	(7) 489	(15) 889		(11) 189	(7) 202	(15) 436
(8) 563	(16) 549	(8) 685	(16) 697		(12) 784	(8) 669	(16) 687

연산 UP

1	2	3	4
(1) 116	(9) 371	(1) 164	(9) 439
(2) 183	(10) 148	(2) 637	(10) 553
(3) 518	(11) 285	(3) 452	(11) 171
(4) 733	(12) 637	(4) 317	(12) 547
(5) 252	(13) 176	(5) 934	(13) 783
(6) 738	(14) 438	(6) 361	(14) 347
(7) 393	(15) 753	(7) 717	(15) 692
(8) 805	(16) 906	(8) 752	(16) 904

연산 UP

5	6	7	8
(1) 169	(9) 366	(1) 235, 409	(5) 259, 483
(2) 488	(10) 481	(2) 328, 472	(6) 547, 847
(3) 397	(11) 176	(3) 418, 592	(7) 347, 675
(4) 555	(12) 767	(4) 692, 905	(8) 728, 866
(5) 288	(13) 597		
(6) 789	(14) 289		
(7) 857	(15) 893		
(8) 699	(16) 746		

연산 UP

9

(1)

−	27	45
154	127	109
492	465	447

(2)

−	62	96
246	184	150
357	295	261

(3)

−	54	86
317	263	231
536	482	450

(4)

−	16	38
670	654	632
745	729	707

10

(5)

−	18	82
245	227	163
572	554	490

(6)

−	34	76
308	274	232
826	792	750

(7)

−	49	93
486	437	393
758	709	665

(8)

−	25	69
754	729	685
960	935	891

11

(1)

−	14	57
260	246	203
403	389	346

(2)

−	42	63
305	263	242
740	698	677

(3)

−	26	53
400	374	347
600	574	547

(4)

−	35	81
500	465	419
800	765	719

12

(5)

−	14	53
100	86	47
542	528	489

(6)

−	68	95
263	195	168
612	544	517

(7)

−	56	75
324	268	249
753	697	678

(8)

−	47	88
816	769	728
932	885	844

연산 UP

13

(1) 54명
(2) 81마리
(3) 173명

14

(4) 111송이
(5) 125쪽
(6) 546명

15

(1) 45명
(2) 158 cm
(3) 94장

16

(4) 228상자
(5) 149장
(6) 257명